U0086826

Ps

PhotoShop
影像處理設計

初學者能夠輕鬆學會影像編修技巧
精選14個範例循序漸進讓你簡單操作
詳盡的步驟圖文解說內容快速上手

鄭苑鳳 著

ZCT 策劃

PhotoShop 影像處理設計

作　　者：鄭苑鳳 著・ZCT 策劃
責任編輯：賴彥穎

董 事 長：陳來勝
總 編 輯：陳錦輝

出　　版：博碩文化股份有限公司
地　　址：221 新北市汐止區新台五路一段 112 號 10 樓 A 棟
　　　　　電話 (02) 2696-2869　傳真 (02) 2696-2867

發　　行：博碩文化股份有限公司
郵撥帳號：17484299　戶名：博碩文化股份有限公司
博碩網站：http://www.drmaster.com.tw
讀者服務信箱：dr26962869@gmail.com
訂購服務專線：(02) 2696-2869 分機 238、519
（週一至週五 09:30 ～ 12:00；13:30 ～ 17:00）

版　　次：2020 年 12 月初版一刷

建議零售價：新台幣 550 元
I S B N：978-986-434-559-5
律師顧問：鳴權法律事務所 陳曉鳴律師

本書如有破損或裝訂錯誤，請寄回本公司更換

國家圖書館出版品預行編目資料

PhotoShop 影像處理設計 / 鄭苑鳳著 . -- 初
版 . -- 新北市：博碩文化股份有限公司，
2020.12

　面；　公分

ISBN 978-986-434-559-5(平裝)

1.數位影像處理

312.837　　　　　　　　　　109021062

Printed in Taiwan

博 碩 粉 絲 團　歡迎團體訂購，另有優惠，請洽服務專線
　　　　　　　　(02) 2696-2869 分機 238、519

序言

　　Photoshop 經過｜多年來的演進，功能上越來越強大，在執行的效能上，更掌握了「快」、「穩」、「準」的三大方針，不但在特效的處理速度上更加快速，操作系統也很穩定，而且在物件尺寸的設定上，更可以精準的呈現，讓專業的美術設計師可以盡情的發揮靈感和創意，作出更具深度的藝術作品出來，而 Photoshop 也成為美術設計師必備的創作工具。

　　為了讓更多非專業背景出身的人，能夠學會影像編修技巧，甚至於發揮個人的創意，本書的編寫儘可能以初學者入門的角度去進行思考，希望能夠為更多的初學者提供一個無痛苦的學習環境，在內容的介紹上，採取循序漸進的方式，將 Photoshop 常用的功能或好用的技巧，讓初學者在最短時間內吸收精華。寫作上也儘可能省卻繁雜的程序步驟與艱澀難懂的繁複文句，期望將 Photoshop 最精湛的一面呈現給更多人認識。

　　擁有本書是你學習 Photoshop 最佳的夥伴，它能夠直接且隨時在你左右，陪你學習及給你解答，讓你擁有紮實的根基。當你學習完本書的內容，這套被認定為高階繪圖軟體的 Photoshop也將成為你的最愛，不管是圖層的使用、色版的設定、向量圖形的繪製，這些功能都難不倒你。

　　本書雖經多次的校對，唯恐還有疏漏之處，如有疏漏之處，還請各位先進不吝指正。

CHAPTER 00

進入影像處理的異想世界

CHAPTER 01

殿堂級 Photoshop 的黃金入門課

CHAPTER 02

數位影像編修私房工作術

CHAPTER 03

課堂上學不到的驚艷影像效果

CHAPTER 04

不藏私影像創意選取技巧

CHAPTER 05

超完美文字後製與合成秘笈

CHAPTER 06

掌握圖層編修基本心法

CHAPTER 07

徹底研究圖層應用技巧

CHAPTER 08

濾鏡特效的全方位專家指南

CHAPTER 09

達人必學的色版應用

CHAPTER 10

向量繪圖的祕密花園

CHAPTER 11

超實用圖層構圖實戰神器

CHAPTER 12

網頁影像與列印專修技法

CHAPTER 13

翻轉自動處理的高手之路

CHAPTER 14

影像資產的老管家攻略

CHAPTER

00

進入影像處理的異想世界

Photoshop

日常生活中，「影像」無所不在，特別是視覺的認知占了人類感官認知的 80 % 以上；而影像就是視覺投射的最終成果。影像處理（image processing）簡單說就是利用電腦對二維圖像進行分析、加工、保存、修改與傳遞的相關美化處理，使其能滿足閱覽者視覺、心理或其他要求的專業技術。

IG 社群平台上許多美美的相片也是影像處理的成果

例如各位隨處可以見到許多的照片、圖案、海報、社群圖片，還有電視畫面，早期這些影像畫面都需要專業的技術人員才能夠處理，現在由於科技的進步，耗時、繁瑣又精緻的畫面效果都可以透過電腦來幫忙處理，讓許多對「美」有興趣的人，都可以輕鬆做出專業的影像處理效果。

0-1　認識數位影像

「數位影像」就是將影像資料以數位的方式保存，透過數位化過程可保留影像的所有細節，以便後續加工處理，現代影像處理技術主要是用來編輯、修改與處理靜態圖像，以產生不同的影像效果。例如將圖片或照片等資料，利用電腦與周邊設備（如掃描器、數位相機）將其轉換成數位化資料影像，數位化的管道很多，例如以下方式：

- 使用掃描器掃描照片、文件、圖片等,並將其轉為數位影像。
- 使用數位相機或透過 DV 直接取得動態影像,再使用電腦加以編修。
- 對於一般錄影帶、VCD、DVD 的動態影像,還可利用影像擷取卡轉為數位影像。
- 使用電腦繪圖軟體設計圖案,再利用影像處理軟體加以編修,最後可在電腦上呈現數位化的影像檔。

影像圖檔來源可透過相機、攝影機、掃描器或光碟等外來方式取得

數位影像實際上是由一顆一顆的細小顆粒排列組合而成,就是由一堆像素(pixel)所構成,所謂的像素,簡單的說就是電腦螢幕上的點。一般我們所說的螢幕解析度為 1024x768 或是畫面解析度為 1024x768,指的便是螢幕或畫面可以顯示寬 1024 個點與高 768 個點,通常「像素」的數量愈多愈能表現影像極細微的部份。螢幕上的顯示方式如下圖所示:

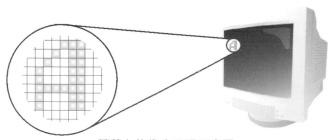

螢幕上的像素呈現示意圖

常見的數位影像種類可分為點陣圖與向量圖兩種,分別介紹如下。

0-1-1 點陣圖

點陣圖是指影像是由螢幕上的像素（Pixel）所組成。所謂像素，就是螢幕畫面上最基本的構成粒子，每一個像素都記錄著一種顏色。通常數位相機所拍攝到的影像或是用掃描器所掃描進來的影像，都屬於點陣圖，它會因為解析度的不同而影響到畫面的品質或列印的效果，如果解析度不夠時，就無法將影像的色彩很自然地表現出來。而像素的數目越多，圖像的畫質就更佳，例如一般的相片。如下圖所示，當各位以縮放顯示工具放大門口上方的招牌時，就會看到一格一格的像素。

原圖

放大門口招牌，會看到一格一格的像素

點陣圖與像素的放大後模式

一般在開始設計文宣或廣告以前，一定要先根據需求（網頁或印刷用途）先決定解析度、文件尺寸或像素尺寸，因為文件尺寸與解析度會影響到影像處理的結果，諸如：濾鏡的設定值或特效運算的時間。而解析度（resolution）則是決定點陣圖影像品質與密度的重要因素，通常是指每一英吋內的像素粒子密度，密度愈高，影像則愈細緻，解析度也越高解。

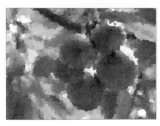

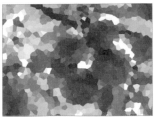

解析度：300　　　　　　解析度：150　　　　　　解析度：96

解析度越高，畫質越清晰

> **TIPS** 解析度單位通常是以 DPI（Dot Per Inch）與 PPI（Pixel Per Inch）來表示。
> DPI 適用於平面輸出單位，印表機解析度，PPI 則是螢幕上的像素單位，例如顯示器
> 解析度。

　　不過如果原先拍攝的影像尺寸並不大時，卻要增加影像的解析度，那麼繪圖軟體會在影像中以內插補點的方式來加入原本不存在的像素，因此影像的清晰度反而降低，畫面品質變得更差。所以在找尋影像畫面時，盡量要取得高畫質、高解析度的影像才是根本之道。點陣圖的優點是可以呈現真實風貌，而缺點則為影像經由放大或是縮小處理後，容易出現失真的現象。例如 Photoshop、PhotoImpact、小畫家等，即是以點陣圖為主的繪圖軟體。

點陣圖放大後會產生某種程度的失真現象

0-1-2　向量圖

　　「向量圖」是以數學運算為基礎，透過點、線、面的連結和堆疊而造成圖形。它的特點是檔案小、圖形經過多次縮放也不會有失真或變模糊的情形發

生，而且檔案量通常不大。它的缺點是無法表現精緻度較高的插圖，適合用來設計卡通、漫畫或標誌…等圖案。

原圖

圖形放大後，仍維持平順的線條，不會有鋸齒狀

向量圖放大時，圖形仍保持平滑的線條

　　由於網際網路的流行，為了加快資訊傳輸的速度，很多軟體都紛紛選用向量式的繪圖方式，像是 Flash 就是很好的實例。其他常用的向量繪圖工具還有 CorelDRAW 和 Illustrator。Photoshop 軟體中也有向量式的繪圖工具，諸如：矩形工具、橢圓工具、多邊形工具…等皆屬之。

0-2　色相入門

　　對於電腦繪圖或數位影像處理的初學者來說，色彩學的使用是相當重要的入門磚。色彩是我們認識周遭生活環境的一項重要訊息。在日常生活中，我們每天所看到的任何景物都有它的色彩，當我們看到某一個色彩時，通常都會對它產生某個印象，這是因為藉由我們所看到的具體實物而產生的聯想。下表所列的，便是每一種色相所帶給人們的感情印象：

色相	紅	橙	黃	綠	藍	紫	黑	白	灰
具體象徵	火焰 太陽 血液 玫瑰	橘子 果汁 夕陽	月亮 香蕉 黃金 向日葵	樹葉 草木 西瓜 原野	海洋 藍天 遠山 湖海	葡萄 茄子 紫菜	夜晚 木炭 墨汁 頭髮	雪 白紙 護士 新娘	病人 噩夢 憂鬱 水泥 煙霧
抽象象徵	危險 熱情 炎熱 活力 興奮	快樂 溫暖 鮮明 甜美	明亮 希望 輕盈 酸味	活力 和平 理想 健康 安全	清涼 冷靜 自由 開朗 安靜	高貴 權威 病態 華麗 神秘	穩重 深沉 悲哀 恐怖 嚴肅	天真 純潔 樸素 正確 寒冷	曖昧 憂鬱 無力

　　除了透過具象實體，讓人對色彩產生聯想外，每個年齡層或個體也對色彩有不同的喜好。例如，文靜不善交際的人，通常會偏好藍色系；活潑好動、個性開朗的人則喜歡較明亮的色彩。各位也可以將這些色彩的象徵意義應用於各種標誌設計或海報競賽的作品上，以這些色彩說明所要表達的創作意念，將會使多媒體作品的說服力更強。另外在調配顏色時，如果能考慮到美的形式，諸如均衡、律動、統一、強調、漸進、反覆、比例等形式，這樣會有更佳的效果：

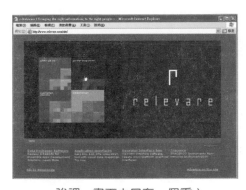

強調：畫面中只有一個重心

反覆：同樣色彩色系重複使用

律動：如音樂上的節奏變化

漸進：等差或等比級數色相來次第呈現

0-3 色彩三要素

色彩的三要素既色相、明度、彩度。任何一個色彩都可以從這三個方面進行判斷分析。要對色彩有更進一步的了解，色彩三要素就不可不知。說明如下：

色相（Hue）

是指各種色彩，也就是區別色彩的差異度而給予的名稱，也就是我們經常說的紅、橙、黃、綠、藍、紫等色。另外，顏色還分為「有彩色」與「無彩色」，像黑、白、灰這種沒有顏色的色彩，就稱為「無彩色」，其他有顏色的色彩，則都是「有彩色」。

色相的變化與配合可以有許多變化，在同一色相中，就包括了明度深淺變化，但是為了避免產生單調的感覺，明度階調的距離要較大些，才能有活潑的效果。

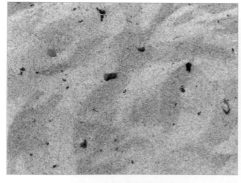

色系明度差較大時較強眼

色系明度差較小時較平淡

此外，以色相方面來說，色彩是以紅、橙、黃、綠、藍、紫的順序排列成如下的色相環：

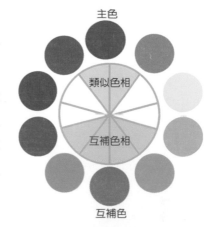

通常運用色相配色時，可以考慮以「近似色相」或「互補色相」兩種方式來配色以近似色做配色，可以給人和諧、柔和的感覺，如左下圖，至於互為補色的兩個色彩並排時，會使人感覺到色彩更鮮明豔麗，而形成強烈的對比效果，如右下圖：

明度（Brightness）

明度是指色彩的明暗程度，例如：紅色可分為暗紅色、紅色、及淡紅色，越暗的紅色明度越低，越淡的紅色明度越高；因此每個色相都可以區分出一系列的明暗程度。顏色之間也有明暗度的不同，其中以黑色的明度最低，白色的明度最高。運用色彩時，必須特別注意明度的變化與協調，如果覺得明度差不易辨識時，可以將眼睛稍微瞇一下，辨識就變得容易些。

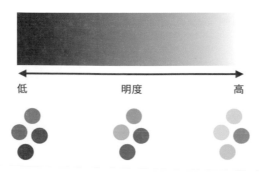

例如下圖黃色的花與綠色的葉子乍看起來顏色鮮明，但是如果瞇著眼睛看或是將它轉成灰階時，由於黃色與綠色的明度接近，看起來反而並不顯眼：

彩度（Saturation）

彩度是指色彩中純色的飽和度，亦可以説是區分色彩的鮮濁程度，飽和度愈高表示色彩愈鮮艷。所以，當某個顏色中加入其他的色彩時，它的彩度就會降低。舉個例子來説，當紅色中加入白色時，顏色變成粉紅色，其明度會提高，但是紅色的純度降低，所以彩度變低。紅色中若加入黑色，它會變成暗紅色，明度變低彩度也變低。如下圖所示：

彩度較高的影像　　　　　　　　　　　彩度較低的影像

0-4　色彩模式

所謂的色彩模式，就是電腦影像上的色彩構成方式，或是決定用來顯示和列印影像的色彩模型。以 Photoshop 為例，當各位在檢色器上挑選顏色時，就可以看到電腦影像中常用的四種色彩模式。

HSB 模式 —

RGB 模式 —

— Lab 模式

— CMYK 模式

□ 僅網頁色彩

檢色器的視窗內容

0-4-1 RGB 色彩模式

所謂色光三原色為紅（Red）、綠（Green）、藍（Blue）三種。如果影像中的色彩皆是由紅（Red）、綠（Green）、藍（Blue）三原色各 8 位元（Bit）進行加法混色所形成，而且同時將此三色等量混合時，會產生白色光，則稱為 RGB 模式。

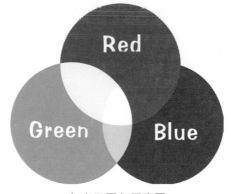

色光三原色示意圖

所以此模式中每個像素是由 24 位元（3 個位元組）表示，每一種色光都有 256 種光線強度（也就是 28 種顏色）。三種色光正好可以調配出 224=16,777,216 種顏色，也稱為 24 位元全彩。例如在電腦、電視螢幕上展現的色彩，或是各位肉眼所看到的任何顏色，都是選用「RGB」模式。

一般在編輯影像畫面時，繪圖軟體大都採用 RGB 的色彩模式，因為不同的需求，可以在完成影像編輯後，再將影像畫面轉換成灰階、點陣圖、雙色調、索引色、CMYK…等各種模式。

0-4-2 CMYK 色彩模式

所謂色料三原色，則為洋紅色（Magenta）、黃（Yellow）、青（Cyan）。至於 CMYK 色彩模式是由 C 是青色，M 是洋紅，Y 是黃色，K 是黑色，進行減法混色所形成，將此三色等量混合時，會產生黑色光。CMYK 模式是由每個像素 32 位元（4 個位元組）來表示，也稱為印刷四原色，屬於印刷專用，適合印表機與印刷相關用途。

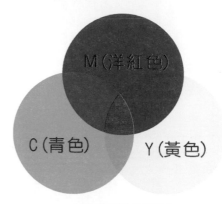

色料三原色示意圖

由於 CMYK 是印刷油墨，所以是用油墨濃度來表示，最濃是 100%，最淡則是 0%，一般的彩色噴墨印表機也是這四種墨水顏色。另外 CMYK 模式所能呈現的顏色數量會比 RGB 模式少，所以在影像軟體中所能套用的特效數量也會相對較少。故在使用上會先在 RGB 模式中做各種效果處理，等最後輸出時再轉換為所需的 CMYK 模式。特別注意的是，在 RGB 模式中，色光三原色越混合越明亮，而 CMYK 模式，色料三原色越混合越混濁，這是兩者間的主要差別。

0-4-3 HSB 色彩模式

另外還有一種 HSB 模式，可看成是 RGB 及 CMYK 的一種組合模式，其中 HSB 模式是指人眼對色彩的觀察來定義。在此模式中，所有的顏色都用 H（色相, Hue）、S（飽和度, Saturation）及 B（亮度, Brightness）來代表，在螢幕上顯示色彩時會有較逼真的效果。

所謂色相是表示顏色的基本相貌或種類，也是區隔顏色間最主要最基本的特徵，而明度則是人們視覺上對顏色亮度的感受，通常用從 0%（黑）到 100%（白）的百分比來度量，至於飽和度是指顏色的純度、濃淡或鮮艷程度。

0-4-4 Lab 色彩模式

Lab 色彩是 Photoshop 轉換色彩模式時的中介色彩模型，它是由亮度（Lightness）及 a（綠色演變到紅色）和 b（藍色演變到黃色）所組成，可用來處理 Photo CD 的影像。

0-5 影像色彩類型

所謂的「色彩深度」通常是以「位元」來表示，位元是電腦資料的最小計算單位，位元數的增加就表示所組合出來的可能性就越多，影像所能夠具有的色彩數目越多，相對地影像的漸層效果就越柔順。像我們常說的 8 位元、16 位元、24 位元…等，就是代表影像中所能具有的最大色彩數目。當位元數日越高，就代表影像所能夠具有的色彩數目越多，相對地，影像的漸層效果就越柔順。如下圖所示：

影像色彩說明

色彩深度	1 位元	2 位元	4 位元	8 位元	16 位元	24 位元
色彩數目	2 色	4 色	16 色	256 色	65536 色（高彩）	16777216 色（全彩）

在一般常見的數位影像中，主要區分成以下六種影像色彩類型。

0-5-1 黑白模式

在黑白色彩模式中，只有黑色與白色。每個像素用一個位元來表示。這種模式的圖檔容量小，影像比較單純。但無法表現複雜多階的影像顏色，不過可以製作黑白的線稿（Line Art），或是只有二階（2 位元）的高反差影像。

黑白影像示意圖

0-5-2 灰階模式

　　每個像素用 8 個位元來表示，亮度值範圍為 0~255，0 表示黑色、255 表示白色，共有 256 個不同層次深淺的灰色變化，也稱為 256 灰階。可以製作灰階相片與 Alpha 色板。

灰階影像示意圖

0-5-3 16 色模式

　　每個像素用 4 位元來表示，共可表示 16 種顏色，為最簡單的色彩模式，如果把某些圖片以此方式儲存，會有某些顏色無法顯示。

16 色影像示意圖

0-5-4 256 色模式

　　每個像素用 8 位元來表示，共可表示 256 種顏色，已經可以把一般的影像效果表達的相當逼真。

256 色影像示意圖

0-5-5　高彩模式

　　每個像素用 16 位元來表示，其中紅色佔 5 位元，藍色佔 5 位元，綠色佔 6 位元，共可表示 65536 種顏色。早期製作多媒體產品時，多半會採用 16 位元的高彩模式，但如果資料量過多，礙於儲存空間的限制，或是想加快資料的讀取速度，就會考慮以 8 位元（256 色）來呈現畫面。

高彩影像示意圖

0-5-6　全彩模式

　　每個像素用 24 位元來表示，其中紅色佔 8 位元，藍色佔 8 位元，綠色佔 8 位元，共可表示 16,777,216 種顏色。全彩模式在色彩的表現上非常的豐富完整，不過使用全彩模式及 256 色模式，光是檔案資料量的大小就差了三倍之多。

　　例如對於影像畫面呈現規格來說，通常是採用 640x480、800x600、或 1024x768 的空間解析度。事實上，影像擁有越高的空間解析度，相對地影像資料量也會越大。以一張 640x480 的全彩（24 位元）影像來說，其未壓縮的資料量就需要約 900 KB 的記憶容量（$640 \times 480 \times 24/8 = 921,600$ bytes）。透過這樣的容量計算與影像檔量的預估，就可以計算出多媒體光碟所需的總容量。

> **TIPS** 各位可以計算以一張 3×5 吋全彩影像（每個像素佔 24bits），其解析度為 200 ppi，則所佔用的電腦儲存空間為何？方法很簡單，如下所示：
>
> $(200 \times 3) \times (200 \times 5) \times 24/8 = 18 \times 10^5$ bytes（約 1.7 MB）

0-6 影像壓縮處理

當影像處理完畢，準備存檔時，通常會針對個別的需求，選取合適的圖檔格式。由於影像檔案的容量都十分龐大，尤其在目前網路如此發達的時代，經常會事先經過壓縮處理，再加以傳輸或儲存。所謂「影像壓縮」是根據原始影像資料與某些演算法，來產生另外一組資料，方式可區分為「破壞性壓縮」與「非破壞性壓縮」兩種。

0-6-1 破壞性壓縮

「破壞性壓縮」與「非破壞性壓縮」二者的主要差距在於壓縮前的影像與還原後結果是否有失真現像，「破壞性壓縮」的壓縮比率大，容易產生失真的情形，例如：JPG 是屬於「破壞性壓縮」。

破壞性壓縮模式的全彩效果 JPG 檔

0-6-2 非破壞性壓縮

而「非破壞性壓縮」壓縮比率小，還原後不容易失真。像是 PCX、PNG、GIF、TIF 等格式是屬於「非破壞性壓縮」格式。

0-7　影像檔案介紹

當影像處理完畢，準備存檔時，常針對不同軟體的設計，選取合適的圖檔格式。由於影像檔案的容量都十分龐大，尤其在目前網路如此發達的時代，經常會事先經過壓縮處理，再加以傳輸或儲存。

接下來，我們介紹一些常見的影像圖檔格式給各位認識。當您完成影像編輯後，就可以根據需求，選擇適當的檔案格式。

0-7-1　BMP

BMP 格式是 Windows 系統之下的點陣圖格式，屬於非壓縮的影像類型，所以不會有失真的現象，大部份的影像繪圖軟體都支援此種格式。而且此格式支援 RGB 全彩顏色、256 色的索引色以及 256 色的灰階等色彩模型。由於 PC 電腦和麥金塔電腦都支援此格式，所以早期從事多媒體製作時，幾乎都選用此種格式較多。

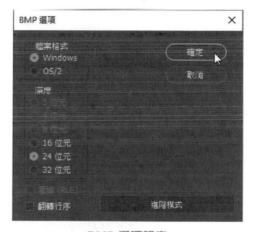

BMP 選項視窗

BMP 點陣圖

0-7-2 JPEG

JPEG（Joint Photographic Experts Group）是由全球各地的影像處理專家所建立的靜態影像壓縮標準，可以將百萬色彩（24-bit color）壓縮成更有效率的影像圖檔，副檔名為 .jpg，由於是屬於破壞性壓縮的全彩影像格式，採用犧牲影像的品質來換得更大的壓縮空間，所以檔案容量比一般的圖檔格式來的小，也因為 jpg 有全彩顏色和檔案容量小的優點，所以非常適用於網頁及在螢幕上呈現的多媒體。

含有較多漸層色調的影像，適合選用 JPEG 格式

在儲存 jpg 格式時，使用者可以根據需求來設定品質的高低。以 Photoshop 為例，品質可以從 0 到 12，檔案量的大小也差距甚大，該選用何種品質，可利用「預視」的選項來比較一下它的差異。

0-7-3 GIF

GIF 圖檔是由 CompuServe Incroporated 公司發展的影像壓縮格式，目的是為了以最小的磁碟空間來儲存影像資料，以節省網路傳輸的時間。這種格式為無失真的壓縮方式，色彩只限於 256 色，副檔名為 .gif，支援透明背景圖與動畫。檔案本身有一個索引色色盤來決定影像本身的顏色內容，適合卡通類小型圖片或色塊線條為主的手繪圖案。

簡單的色塊、線條最適合使用 GIF 格式，可降低檔案尺寸

　　GIF 圖檔也支援透明背景圖形，如果所設計的圖形想和網頁背景完美的結合，就可以考慮選用 GIF 格式，因此早期網際網路上最常被使用的點陣式影像壓縮格式就非他莫屬。

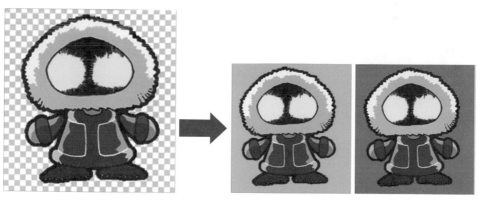

儲存檔案時，勾選「透明度」選項，就可以與其他網頁背景完美結合

　　另外，GIF 圖檔也可以支援動畫製作，透過 GIF Animator 程式就可將數張影像串接成 GIF 動畫。

0-7-4　TIF

　　副檔名為 .tif，為非破壞性壓縮模式，支援儲存 CMYK 的色彩模式與 256 色，能儲存 Alpha 色版。其檔案格式較大，常用來作為不同軟體與平台交換傳輸圖片，為文件排版軟體的專用格式。

0-7-5　PCX

PCX 格式支援 1 位元，最多 24 位元的影像，它的影像是採用 RLE 的壓縮方式，因此不會造成失真的現象。

0-7-6　PNG

PNG 格式是較晚開發的一種網頁影像格式，幾乎同時包含了 JPG 與 GIF 兩種格式的特點。它是一種非破壞性的影像壓縮格式，所以壓縮後的檔案量會比 JPG 來的大，但它具有全彩顏色的特點，能支援交錯圖的效果，又可製作透明背景的特性，檔案本身可儲存 Alpha 色版以做為去背的依據。並且很多影像繪圖軟體和網頁設計軟體都已支援，被使用率已相當的高。

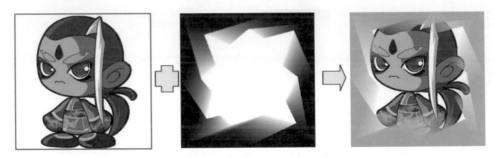

PNG 格式可以儲存具半透明效果的圖形

0-7-7　UFO 格式

UFO 為 PhotoImpact 專屬檔案格式，可以儲存 PhotoImpact 軟體中的圖層物件、路徑造形、選取範圍、遮色片…等相關資料，方便檔案將來修改及編輯。由於 PhotoImpact 軟體簡單易學，功能又強，不管是從事多媒體設計、網頁設計、圖案設計，利用它的百寶箱的套用或修改，就可以快速建立與變換出各種的效果，很適合入門者學習。

殿堂級 Photoshop
的黃金入門課

Photoshop

影像是由形狀和色彩所組合而成的，但是運用電腦來繪圖時，就必須牽涉到電腦資料的計算、色彩深度、色彩模式等問題，影像處理軟體能模仿傳統藝術家的媒體素材，透過電腦來做出筆刷、鉛筆、和暗房技巧。各位可以對一張電腦影像或照片使一些動作，像潤色、轉亮、變暗、變模糊以及更多其它的變化，這些功能在現實生活中就有賴於影像處理軟體。

Photoshop 一直以來是眾多設計師及藝術家心目中最好的殿堂級影像處理軟體。它的出現讓藝術家及專業攝影師拓展了視覺領域，它不但能掃描圖片到電腦中，還能利用廣泛的編修與繪圖工具，介面相對而言比較簡

Photoshop 的成果表現

潔，且內容更加全面，可以實現許多效果，更有效的進行圖片編輯工作，包括本身超強的功能來修正影像瑕疵，修改不自然的色彩、增加色度、加入文字效果、濾鏡特效、製作網頁動畫、動態按鈕、加入字體、向量圖案…等。Adobe Creative Cloud 是 Adobe 最新推出的版本，它將 Adobe 家族的各項軟體緊密整合在一起，讓設計者可以針對平面設計、版面編排、網頁設計、互動式、動畫或視訊等，進行豐富的內容設計，更可以做到像素層級的編輯。各位必須先申請成為 Adobe 會員，如此才可以從 Adobe 網站下載軟體，並取得 7 天的試用期。本章將針對 Photoshop 2020 的視窗環境作介紹，另外包含工具、檔案開啟、圖像取得、檢視影像技巧、設計小幫手、檔案儲存等功能作説明，讓各位新手在以後的學習過程更輕鬆上手。

1-1 認識操作環境

對於新手來説，認識操作環境式進入學習殿堂的第一步，這樣在介紹功能指令時，新手們才能快速找到它並跟上筆者的腳步。

1-1-1 認識操作介面

Photoshop 提供多種工作流程的增強功能,可以幫助使用者有效率地完成工作。執行「Adobe Photoshop 2020」指令會先看到如下的介面。

「首頁」顯示你最近編輯過的以及以前的作品

「雲端文件」可建立雲端文件,
同時提供共同作業和其他功能

「LR 相片」可上傳相片
至 Lightroom 資料庫

在視窗左側按下「新建」鈕新建檔案,或是按「開啟」鈕開啟舊有檔案,才會進入它的操作環境,其介面如下。

功能表　　　　　　　　　　　　　選項　　　浮動面板

工具箱　　　　　　工作區

首先映入眼簾的是深灰色的優雅介面，深灰色的底對於設計師來說應該相當喜歡，因為易於展現設計中的作品。如果你想更換介面的色彩，可執行「編輯 / 偏好設定 / 介面」指令，在如下的視窗中修改介面外觀的顏色主題。

由此可變更介面的色調

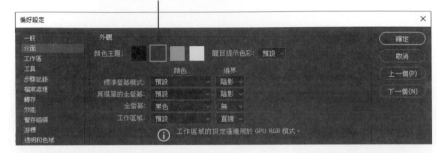

接下來針對視窗介面作簡要的說明：

名稱	說明
功能表	依功能區分為檔案、編輯、影像、圖層、文字、選取、濾鏡、3D、檢視、視窗、說明等 11 類，下拉可選取細部指令或開啟對話視窗。
工具	將各項工具顯示於左側，以便進行影像的編輯或繪圖。預設狀態是將工具排成二列，按滑鼠兩下於工具頂端的深灰色，可切換成一排形式。
選項	依據使用者選用的工具而提供該工具的屬性設定。
工作區	放置工具、浮動視窗及影像視窗的地方，工作區可放置多個影像視窗，方便切換檔案。
浮動面板	Photoshop 的面板近三十種，分門別類地排列在浮動視窗槽中，使用者可以將面板放大或縮小，或是置於視窗邊緣，使成為圖示鈕，以增加影像文件的顯示空間。若直接按於浮動視窗的名稱或圖示上，就能立即顯示該浮動面板。

◆ 浮動面板操作技巧

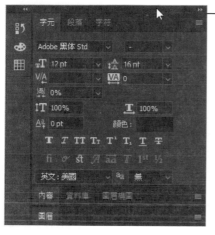

按滑鼠兩下
於深灰色，
可做面板的
放大縮小

拖曳左側邊，
可將面板更換
成圖示鈕或包
含面板名稱

1-1-2 標籤式文件顯示視窗

影像文件視窗用來顯示目前編輯的影像內容，它以標籤方式呈現，不但讓檔案的切換更簡便，還能夠輕鬆處理多個開啟的影像文件。

標籤式文件視窗。較淡的灰色表
示目前編輯的影像，較暗的灰色
為工作區中所開啟的影像文件

文件視窗依序顯示影像檔名、格
式、縮放比例、色彩格式等資訊

002.jpg @ 50% (RGB/8) ×   003.jpg @ 25% (RGB/8) ×

50%   文件: 2.64M/2.64M

顯示文件縮放比例   文件相關資訊

1-1-3　工作區切換與增減

多年來 Photoshop 讓許多的美術設計師或創意人員，將個人構想實現於平面作品或網頁上，也讓攝影師或印刷人員可以矯正影像的色彩，針對不同的工作屬性，常用的工具或浮動視窗也稍有不同。為了迎合多數人的需求，Photoshop 提供不同的工作區可作切換，讓使用者可以針對個人需求選擇最適當的工作環境。於視窗右上角 下拉，即可點選基本功能、3D、動態、圖形和網頁、繪畫、攝影等工作區。另外，使用者也可以儲存個人專用的工作環境喔！如圖示：

預設值是選用「圖形和網頁」的工作區，本書介紹時將以此工作區為基礎

先將常用的工作環境擺設好，下拉執行「新增工作區」指令，就能加以命名與儲存；若要刪除則是執行「刪除工作區」指令，再選擇要刪除的名稱

1-1-4　關閉檔案與結束程式

要結束所編輯的文件視窗，可在標籤頁上按下 鈕，或是執行「檔案 / 關閉檔案」指令來關閉文件視窗。若要關閉 Photoshop 程式，則是按下視窗右上角的 鈕，或是使用「檔案 / 結束」指令。

按此關閉文件視窗　　　　　　　　　　　按此關閉 Photoshop 程式

深入研究 從當機自動修護

由於軟體功能越來越強，而印刷用途的影像檔的檔案量都很大，如果電腦設備的等級不夠好，有可能會出現當機的情況。若想要從當機中自動修護檔案，可執行「編輯 / 偏好設定 / 檔案處理」指令，勾選「在背景儲存」的選項後，再從「自動儲存修復資訊間隔」選單中設定時間。如此一來，若發生當機的情況，於下次開啟 Photoshop 程式時就會自動修復。

1. 按此鈕確定   2. 下拉設定時間

偏好設定			×
一般	檔案儲存選項		確定
介面	影像預視：永遠儲存	☑ 另存新檔置原始檔案夾(S)	取消
工作區	副檔名：使用小寫	☑ 在背景儲存(R)	上 個(P)
工具		☑ 自動儲存修復資訊間隔(A):	
步驟記錄			下 個(N)
檔案處理		10 分鐘	
體存			

1-2　無所不有的百寶箱 - 工具

1-2-1　認識工具

　　位於視窗左側，由許多工具鈕組成的面板，是編輯影像時最常使用的工具。如果找不到工具列，可執行「視窗 / 工具」指令將它開啟。在工具鈕右下角若包含三角形的符號，表示該工具鈕中還包含其他的工具可以選擇，如右圖所示。

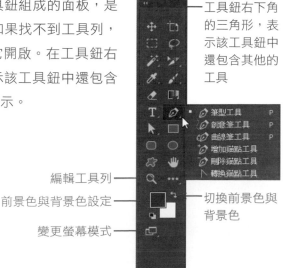

工具鈕右下角的三角形，表示該工具鈕中還包含其他的工具

筆型工具　　　　P
創意筆工具　　　P
曲線筆工具　　　P
增加錨點工具
刪除錨點工具
轉換錨點工具

編輯工具列

前景色與背景色設定

變更螢幕模式

切換前景色與背景色

1-2-2 編輯工具列

工具箱所顯示的工具會因為工作區設定的不同而顯示不同的工具按鈕,加上 Photoshop 所提供的工具非常多,很多工具無法在工具箱上顯示出來,如果在某一工作區中,你有特別喜歡的工具沒有顯示在工具箱上,可按下「編輯工具列」 ••• 鈕來自行加入。加入工具的方式如下:

按下此工具鈕,並點選「編輯工具列」指令

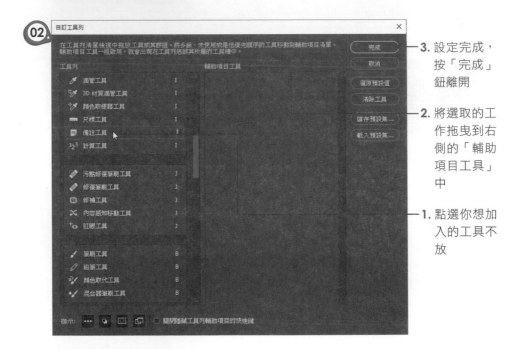

3. 設定完成,按「完成」鈕離開

2. 將選取的工作拖曳到右側的「輔助項目工具」中

1. 點選你想加入的工具不放

自選的工具已加入至工具箱中

選用某項工具後，從「選項」還可做屬性方面的設定，可讓工具的使用達到更多的變化效果。

1-2-3 設定前背景色

工具下方提供有黑／白的預設色塊，如果按於色塊上將進入如圖的「檢色器」，可針對前／背景色做選擇，而顏色的設定方式說明如下：

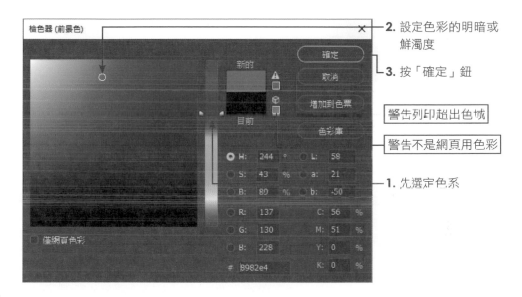

2. 設定色彩的明暗或鮮濁度

3. 按「確定」鈕

警告列印超出色域

警告不是網頁用色彩

1. 先選定色系

如果在選色時有看到 ⚠ 或 🔲 符號，表示所選擇的顏色無法以印表機列印出來，或是該顏色不是屬於網頁安全色，只要按下該符號，Photoshop 就會自動找到最相近的色彩。

1-3 開啟數位影像檔

了解視窗環境和工具後，檔案的開啟與新增當然也要知道。現在就來看看開啟數位影像檔的各種方式。

1-3-1 開啟舊有檔案

要開啟舊有檔案請執行「檔案／開啟舊檔」指令，可在如下的視窗中選取檔案。

1. 找到資料夾所在地

2. 選取檔案

3. 按「開啟」鈕，開啟檔案

1-3-2 新增文件檔

　　「檔案/開新檔案」指令是開啟一個全新的檔案讓使用者做編排設計。通常在製作卡片、海報或介面設計時，都必須先根據目的與需求，先設定好尺寸大小與解析度，然後再將開啟的影像編輯到所設定的新檔案中，這樣設計出來的文件才不會因為尺寸不對而必須重新調整，造成畫面變模糊或解析度不夠的情況。開新檔案時所要設定的內容如下：

這裡有各種類型常用的文件大小可以快速選用

1. 先選擇檔案類型

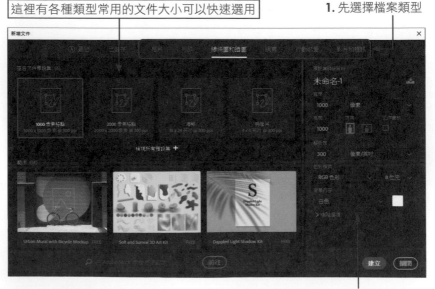

2. 再由此設定寬高、方向和背景內容

設計畫面時必須根據用途決定影像尺寸與解析度；通常用於印刷設計時，必須將解析度設於 200-300 像素 / 英寸（Pixels/Inch）左右，如果是做網頁編排或多媒體介面設計，則設定為螢幕解析度，也就是 96 或 72 像素 / 英寸。

「新增文件」視窗中已經為各位加以分類，所以只要依據用途選擇相片、列印、網頁、行動裝置、影片視訊⋯等類型，再由右側的欄位中設定寬、高等資料，就可以建立檔案。

在色彩模式部份，雖然 Photoshop 有提供點陣圖、灰階、RGB 色彩、CMYK 色彩、Lab 色彩等五種模式，但是通常都會選用「RGB 色彩」模式，因為這樣才可以使用 Photoshop 的所有功能與特效，等最後完成時再將影像轉換為 CMYK 模式即可作列印輸出。

1-3-3　取得其他圖像資料

想要編輯影像，常然要先取得影像素材才能編輯。數位相機是目前相當普級的數位產品，精緻又小巧，攜帶方便，走到哪裡就可以拍到哪裡。它的優點是將拍攝的影像存放在記憶卡中，拍攝後可以馬上預覽畫面效果，拍攝不理想可隨時刪除畫面並重新拍攝，而拍攝後只要利用 USB 電纜將數位相機與電腦連接起來，開啟數位相機的電源開關，數位相機就自動變成一顆卸除式磁碟，可以直接將數位畫面拷貝到電腦中。

在 Photoshop 中可以利用「檔案 / 開啟舊檔」指令來開啟數位相機中的影像檔，另外也可以利用「檔案 / 讀入 /WIA 支援」指令，透過精靈的協助從 WIA 相容的相機中取得數位影像。而現今世代由於智慧型手機不離身，使用智慧型手機來拍攝數位相片更是方便，只要利用電源線將手機與電腦連接起來，手機自動變成卸除式磁碟後，即可拷貝數位相片。

假如要編輯的影像是沖洗出來的相片或書報中的圖案，則必須透過 Photoshop 的「檔案 / 讀入 /WIA 支援」指令以掃描器來進行掃描。它會以精靈方式協助使用者從相容的掃描器來取得影像，只要找到裝置，再依照掃描的畫面選擇彩色相片、灰階相片、黑白相片或文字等類型，接著設定解析度以決定掃描畫面的品質，這樣就能預掃影像，以滑鼠拖曳出要掃描的區域，即可將選定的掃描區域顯示在 Photoshop 的工作區中。

深入研究 影像模式

常見的影像模式主要包括黑白、灰階、16 色、256 色、高彩、全彩等，通常影像中的色彩數目越多，就表示色彩的品質越高。

影像模式	說明
黑白	黑白模式只有黑色與白色。每個像素只用 1 位元（2 種顏色）來表示。這種模式的圖檔容量小，影像較單純。無法表現複雜多階的影像顏色，不過可以製作黑白線稿或是高反差影像。
灰階	每個像素用 8 個位元來表示，亮度值範圍為 0-255，0 表示黑色、255 表示白色，共有 256 個不同層次深淺的灰色變化，可以製作灰階相片與 Alpha 色板。
16 色	每個像素用 4 位元來表示，共可表示 16 種顏色，如果把圖片以此方式儲存，會有某些顏色無法顯示。
256 色	每個像素用 8 位元來表示，共可表示 256 種顏色，能把一般影像效果表達的相當逼真，是早期網路上常用的色彩類型。
高彩	每個像素用 16 位元來表示，共可表示 65536 種顏色。
全彩	每個像素用 24 位元來表示，共可表示 16,777,216 種顏色。全彩模式在色彩的表現上非常的豐富完整，不過檔案資料量相對比較大。

1-3-4 置入智慧型向量物件

在工作區裡若有開啟的文件視窗，可使用「檔案 / 置入嵌入的物件」指令將 EPS 的向量格式檔案置入進來。而置入的檔案透過八個控制點來縮放尺寸或旋轉角度，確定位置再按下「Enter」鍵表示完成。

滑鼠變成此圖示可旋轉物件

滑鼠變成此圖示可變形物件

滑鼠變成此圖示可等比例縮放物件

　　所置入的向量圖形還保留原來向量格式的特點，因此在 Photoshop 編輯圖形時，雖經多次的變形縮放，比較不會產生如點陣圖般的模糊現象，這對美術設計來說是一大利多。

 深入研究 區分點陣圖和向量圖

數位影像基本上可區分為兩大類型：一是「點陣圖」，另一是「向量圖」。「點陣圖」是由像素（pixel）組合而成，每個像素都是「位元」資料，因此檔案量比較大。通常數位相機拍攝的影像或是掃描進來的影像都屬於點陣圖。

「向量圖」是以數學運算為基礎，透過點、線、面的連結和堆疊而造成圖形。它的特點是檔案小、圖形經過多次縮放也不會有失真或變模糊的情形發生，而且檔案量通常不大。缺點是無法表現精緻度較高的插圖，適合用來設計卡通、漫畫或標誌…等圖案。屬於向量式的繪圖軟體主要有 Flash、CorelDRAW、Illustrator 等，Photoshop 也有向量式的繪圖工具，諸如：矩形工具、橢圓工具、多邊形工具…皆屬之。

1-4 　檢視影像技巧

　　在編輯影像時，經常要看整體畫面的效果，有時又必須放大影像做細部的修整，因此控制圖像的顯示比例不可不知。Photoshop 工具箱有「縮放顯示工具」🔍 及「手形工具」✋，能讓使用者輕鬆瀏覽影像的任何區域，另外還有「導覽器」面板也是檢視影像的利器，因此這裡就針對這些功能來做說明。

1-4-1 縮放顯示工具

　　選用「縮放顯示工具」🔍 時，「選項」面板提供如下的檢視模式可以快速檢視。

放大顯示　　縮放顯示所有視窗　　顯示 1:1 比例　　縮放為符合螢幕

縮小顯示　　縮放時重新調整視窗尺寸　　顯示為螢幕尺寸

使用時先按「選項」面板上的 🔍 或 🔍 鈕決定要放大或縮小，或是加按「alt」鍵來快速切換 🔍 或 🔍 鈕，再到編輯視窗上按下滑鼠左鍵就能縮放畫面。若是要以 1:1 比例、全頁、全螢幕等方式顯示頁面，也可以直接點選右側的按鈕。

另外在「檢視」功能表中也提供如下等選項，作用與放大鏡工具的選項相同。

放大顯示(I)	Ctrl++
縮小顯示(O)	Ctrl+-
顯示全頁(F)	Ctrl+0
全頁顯示工作區域(F)	
100%	Ctrl+1
200%	
列印尺寸(Z)	
水平翻轉(H)	

1-4-2　手形工具

當影像尺寸較大時，整張影像無法在視窗中完全顯示，此時可利用「手形工具」 ✋ 來移動畫面，只要按住滑鼠拖曳就可以改變檢視的區域。

以滑鼠拖曳影像，即可改變顯示的區域範圍

1-4-3 導覽器

　　如果執行「視窗 / 導覽器」指令可開啟「導覽器」面板。這也是圖像顯示的利器，只要移動下方的縮放顯示滑桿，就能縮放檢視比例，而預視窗裡的紅色框線是代表目前文件視窗所顯示的範圍，可拖曳紅框來改變檢視範圍。

按住紅框區域可改變檢視區域

移動三角形可改變縮放比例

　　導覽器的檢視方框通常是紅色，若是編輯的畫面也是紅色，此時可由導覽器右上角按下■鈕並執行「面板選項」，就可以設定方框的色彩。

由此變更顏色

1-5　設計小幫手

　　從事美術設計時，好用的輔助工具不可不知。諸如：尺標、參考線、格點等，這是一般人所熟悉輔助中工具。另外還有「備註工具」及「尺標工具」等，我們一併作說明。

1-5-1 尺標

尺標是設計時經常會用到的輔助工具,它可以輔助丈量,執行「檢視 / 尺標」指令,就會在文件視窗的上方與左側顯示尺標。

預設尺標會以左上角的(0.0)為原點,如果要改變原點的位置,可在左上角的 ■ 處按下滑鼠,然後拖曳到期望的位置上,新原點就可以產生。若要回復(0.0)原點,只要按兩下於 ■ 就行了。

1. 按下此處 →

2. 拖曳到此處

3. 瞧!尺標位置改變了

若要更改尺標的度量單位,以方便多媒體介面或網頁尺寸的丈量,可執行「編輯 / 偏好設定 / 單位和尺標」指令,就可以在視窗將尺標單位更換為像素(Pixels)。另外,直接在尺標上按右鍵,也可以選擇尺標的單位。

1-5-2 尺標工具

尺標工具用來測量圖形或線條的座標位置、寬度、高度、和角度等資訊，測量後即可在「選項」上看到相關訊息。

1. 點選「尺標工具」　　　　　**4.** 顯示測量線條的座標、長寬等相關資訊

3. 拖曳到此設定第二個測量點　　　**2.** 在此按下滑鼠左鍵，設定第一個測量點

使用這樣的計算工具，就可以輕鬆計算影像物件，而不需透過目測或是人工的計算。如需清除測量的線條，可在選項上按下 清除 鈕。

1-5-3 參考線

　　在顯示尺標後，由尺標往畫面拖曳可顯示參考線，參考線是浮現在影像上的線條，它不會被列印出來。因此可以透過「檢視」功能表來新增、移除或鎖定參考線，或是利用滑鼠拖曳，也可以增加或移動參考線。

選用「移動工具」時，滑鼠在參考線上
會變成此圖示，此時可以移動參考線

由水平尺標下拉可增加水平參考線

1-5-4 格點

　　執行「檢視 / 顯示 / 格點」指令，可在文件視窗上顯示格點，如果配合「檢視 / 靠齊至 / 格點」指令，對於對稱式的版面設計會更容易做到。如果預設的灰色格線或大小不合宜，可利用「編輯 / 偏好設定 / 參考線、格點與切片」指令去做調整。

預設的格線效果

透過偏好設定，可更改格線色彩、
樣式、或格線距離

深入研究 備註工具

在設計的過程裡，突然想到一些該注意的事項，或是完成的作品想告訴客戶自己的設計理念與創意，都可以利用「備註工具」 將它備註下來。備註工具在 2020 的版本中並未顯示出來，必須按下「編輯工具列」 鈕來自行加入，加入方式可參閱「1-2-2 編輯工具列」的說明。選用 工具，至頁面上按下左鍵，就可以在如下的視窗中輸入備註內容。

1. 點選「備註工具」　　　　　　　　**4.** 按此鈕控制開啟或關閉備註

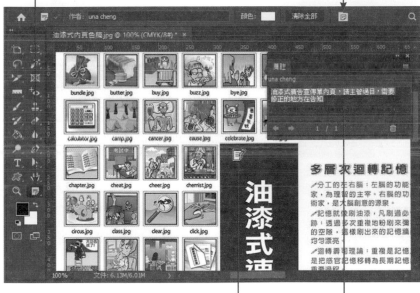

2. 至頁面上按下左鍵會出現此符號　　　**3.** 由此可輸入備註

預設的備註是以黃色顯示，如果要改變它的色彩，或是輸入作者資訊，可在「選項」面板上做設定，而按右鍵於標籤的圖示，則可執行開啟、刪除等動作。

1-6　檔案的儲存

在影像編輯的過程中，儲存檔案是各位必須經常做的事，千萬不要等到畫面完成時才想要儲存它，否則當電腦當機或臨時停電時，辛苦的結果就會化為烏有。

1-6-1 儲存為 PSD 格式

在 Photoshop 裡編輯的檔案,通常會儲存它的專有格式 -*.PSD,這樣才能保留所有的圖層與資料,方便將來的修改與再利用,之後再根據用途需求,另存成其他的檔案格式。未曾命名的檔案,在執行「檔案 / 儲存檔案」或「檔案 / 另存新檔」指令後,會看到如下的視窗。

各位可以選擇將創作的文件自動儲存到 Adobe 的雲端,無論從何處登入 Photoshop 都能存取。而且將來還能使用它與其他人共用。如果選擇「儲存在您的電腦」的選項,則會如下「另存新檔」的對話框讓您進行存檔。

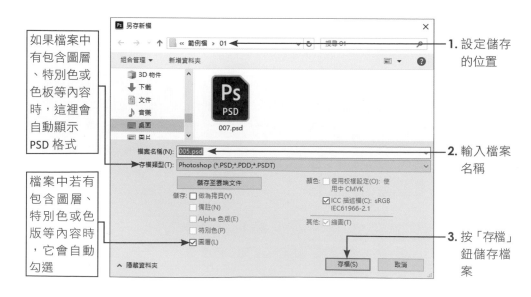

如果檔案中有包含圖層、特別色或色板等內容時,這裡會自動顯示 PSD 格式

檔案中若有包含圖層、特別色或色版等內容時,它會自動勾選

1. 設定儲存的位置

2. 輸入檔案名稱

3. 按「存檔」鈕儲存檔案

1-6-2 常用的影像格式

除了 Photoshop 特有的「PSD」格式外，由「存檔類型」下拉，即可選擇其他的儲存格式。下面我們針對幾個常用的格式作說明。

檔案格式	說明
PSD	Photoshop 特有的格式，能將 Photoshop 軟體中所有的相關資訊的保存下來，包含圖層、特別色、Alpha 色版、備註、校樣設定、或 ICC 描述檔等資訊。通常使用 Photoshop 軟體編輯合成影像時都要儲存成該格式，以利將來圖檔的編修。目前多數的繪圖軟體、視訊剪輯軟體、動畫設計軟體、排版軟體，都能直接讀入 psd 格式的圖檔。
TIFF	副檔名為 .tif，為非破壞性壓縮模式，支援儲存 CMYK 的色彩模式與 256 色，能儲存 Alpha 色版。其檔案格式較大，用來作為不同軟體與平台交換傳輸圖片，或是作為文件排版軟體的專用格式。
BMP	bmp 格式是 Windows 系統之下的點陣圖格式，屬於非壓縮的影像類型，不會有失真的現象，大部份的影像繪圖軟體都支援此格式。
JPEG	JPEG（Joint Photographic Experts Group）是由全球各地的影像處理專家所建立的靜態影像壓縮標準，副檔名為 .jpg。由於是破壞性壓縮的全彩影像格式，採用犧牲影像的品質來換得更大的壓縮空間，所以檔案容量比一般的圖檔格式來的小，所以適用於網頁及螢幕上呈現的多媒體。儲存 jpg 格式時可根據需求來設定品質的高低，以 Photoshop 為例，品質可以從 0 到 12。
GIF	GIF 圖檔是由 CompuServe Incorporated 公司發展的影像壓縮格式，目的是為了以最小的磁碟空間來儲存影像資料，以節省網路傳輸的時間。這種格式為無失真的壓縮方式，色彩只限於 256 色，所以適用漫畫圖案或色塊線條為主的手繪圖案。早期網際網路上最常被使用的點陣式影像壓縮格式就非它莫屬。
PNG	Png 是較晚開發的一種網頁影像格式，它同時包含 JPG 與 GIF 兩種格式的特點，是一種非破壞性的影像壓縮格式，所以壓縮後的檔案量會比 JPG 來的大，但它具有全彩顏色的特點，能支援交錯圖的效果，又可製作透明背景的特性，且很多影像繪圖軟體和網頁設計軟體目前都已支援，被使用率已相當的高。

1-6-3　儲存成網頁用

如果所編輯的影像是要應用在網頁上，執行「檔案 / 轉存 / 儲存為網頁用」指令，即可進入下圖視窗選擇儲存的格式。

1. 由此選擇儲存的格式類型

2. 按「儲存」鈕即可選擇存檔格式、檔名、位置

深入研究 影像壓縮處理

當影像處理完畢準備存檔時，通常會針對個別的需求選取合適的圖檔格式。由於影像檔案的容量都十分龐大，尤其在網路如此發達的時代，經常會事先經過壓縮處理，再加以傳輸或儲存。「影像壓縮」是根據原始影像資料與某些演算法來產生另外一組資料，方式可區分為「破壞性壓縮」與「非破壞性壓縮」兩種。二者的主要差距在於壓縮前的影像與還原後結果是否有失真現象；「破壞性壓縮」的壓縮比率大，容易產生失真的情形，而「非破壞性壓縮」壓縮比率小，還原後不容易失真。像是 PCX、PNG、GIF、TIF 等格式是屬於「非破壞性壓縮」格式，而 JPG 則是屬於「破壞性壓縮」。

CHAPTER

02

數位影像編修
私房工作術

Photoshop

　　近年來由於電子設備的普及，不管是數位相機或智慧型手機，幾乎成為大家記錄生活點滴的好幫手。一方面可以即時預覽拍攝的結果，而且沒有沖洗費的壓力，所以愛怎麼拍就怎麼拍。然而因為拍攝技巧的不純熟，有時影像會出現模糊、偏色、曝光過度或不足…等情形，對於一些重要的記錄，如果想要調整數位相片的缺失，那麼就得借重影像編輯程式來做修補，讓這些重要時刻的記錄得以有起死回生的機會，留下美好的記錄。這個章節將針對大家常遇見的影像缺失問題作說明，讓數位相片能夠呈現最佳的效果。

2-1　調整影像尺寸

　　所拍攝的數位影像通常與要使用的尺寸不相符合，或是因為設計需要必須將影像做旋轉，此時就得用到如下的功能技巧。諸如：調整尺寸、裁切、旋轉、拉直…等，這一小節針對這些功能做說明。各位想要調整影像尺寸，請執行「影像 / 影像尺寸」指令便可進入如下的視窗。

由此可作預覽視窗的縮放　　　　這是影像原有的檔案量與像素尺寸

此符號表示等比縮放影像

　　各位可直接從「調整至」的欄位下拉選擇常用的預設尺寸。目前提供的尺寸有如下三種類型：

類型	提供的尺寸
網頁 / 多媒體用途	960 x 640 像素 , 144 ppi 1024 x 768, 72ppi 1136 x 640 像素 , 144 ppi 1366 x 768, 72ppi
印刷用途	A4 210 x 297 公釐 , 300 dpi A6 105 x 148 公釐 , 300 dpi 法律文件用紙（Legal）8.5 x 14 吋 , 300 dpi 美式信紙（Letter）8.5 x 11 吋 , 300 dpi
相片用途	4 x 6 吋 , 300 dpi 5 x 7 吋 , 300 dpi 8 x 10 吋 , 300 dpi 11 x 14 吋 , 300 dpi

通常影像若要應用於多媒體介面或網頁設計上，可先設定「72」解析度，「單位」下拉選擇「像素」，再由「寬度」與「高度」上輸入介面的像素值。若是使用在印刷品上，那麼解析度請設在「300」，「單位」下拉選擇「公分」或「公釐」，再由「寬度」與「高度」上輸入尺寸。

如果先取消「重新取樣」的勾選，那麼文件尺寸的寬、高、解析度會形成關連性，更改解析度為「300」時，可以在不變更「像素尺寸」的原則下來修正文件尺寸。

1. 取消「重新取樣」的勾選

2. 將原先「180」解析度更換為「300」時，影像尺寸不會變更，自動變更的只有寬度值和高度值

2-1-1 「裁切工具」

「裁切工具」 🔲 用來剪裁影像，只要在畫面上拖曳出要保留的區域，再從「選項」面板按下 ✅ 鈕或按下鍵盤上的「Enter」鍵，就可以裁切影像。如果要指定裁切的尺寸，請在「選項」上選擇好所要的寬／高比例，拖曳出來的區域就會維持所指定的大小。

另外，它還提供好用的裁切參考線功能，讓使用者可以運用三等分定律、黃金比例、黃金螺旋形、三角形、對角線…等版面，作為裁切的參考。

1. 開啟「007.jpg」影像檔，點選「裁切工具」

3. 這裡選擇裁切的參考線標準

2. 由此下拉可以選擇影像的比例

4. 依照構圖的美感，以滑鼠拖曳可以調整影像主體與參考線的位置

按滑鼠兩下或「Enter」鍵，即可完成裁切的動作

如果影像的有歪斜的情況，各位也不必傷腦筋，因為在「裁切」工具的「選項」中還提供一項「拉直」的功能，只要裁切工具仍在作用中，隨時都可針對影像的歪斜情況進行外觀的調整。

1. 點選「裁切工具」

3. 按下「拉直」鈕

2. 選擇要使用的比例

瞧！海平面有歪斜的情形

4. 至畫面上由左向右拖曳出水平線的位置

影像調正後，還可依據參考線的標準，作放大/縮小或是位置的移動，等畫面調到最佳位置後，再按滑鼠兩下確定。瞧！湖面變水平了

關於裁切方面，還有一個好用的「透視裁切工具」，如果所拍攝的建築物因為拍攝角度的關係，已有透視變形的情況發生，可以利用此工具來做修正。

01

1. 由此切換到「透視裁切工具」

2. 拖曳出矩形區塊後,以滑鼠點選左上角和右上角的控制點,使顯現如圖的透視角度

02

按滑鼠兩下後,建築物即顯示筆直的效果

2-1-2 「尺標工具」

　　對於影像的拉直,除了剛剛在「裁切工具」中有介紹到,另外還有「尺標工具」也可以將傾斜的影像快速拉直。只要點選「尺標工具」後,由影像上拖曳出要做水平或垂直的直線,再從「選項」上按下「拉直圖層」鈕,影像就會自動作調整,而拉直後多餘的部分將以透明背景顯現。

1. 點選「尺標工具」

01

008.jpg @ 25% (圖層 0, RGB/8) *

25%　　文件: 20.3M/20.3M

4. 按此鈕拉直
　　圖層

2. 由此按下滑
　　鼠左鍵不放

3. 拖曳到此放
　　開左鍵，使
　　顯現直線

02 008.jpg @ 16.7% (圖層 0, RGB/8) *

16.67%　　文件: 20.3M/26.7M

瞧！建築物被拉直，原影
像以外的區域將顯示透明
背景

2-1-3　調整版面尺寸

　　所開啟的影像檔，如果原尺寸不夠大，想將它擴大成為所要設計的稿件大
小，可利用「影像/版面尺寸」來擴大範圍。擴大時利用錨點來決定擴大的方
向及版面延伸的色彩。

錨點設定在中央

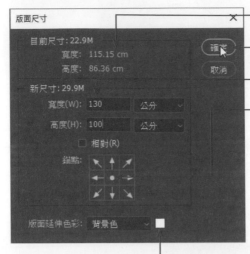

這是影像原來的尺寸

4. 按「確定」鈕離開

1. 輸入擴大的新尺寸

2. 設定由中間往外擴大

3. 設定延伸色彩為背景色白色

5. 白色部分即為擴大版面後的結果 →

錨點設定在右側

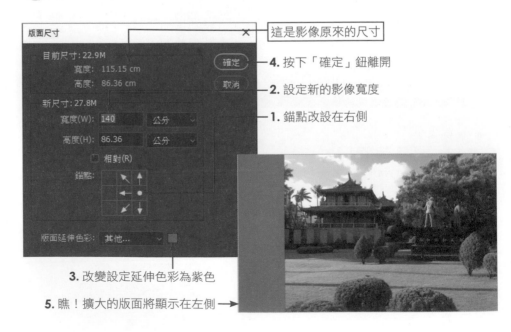

這是影像原來的尺寸

4. 按下「確定」鈕離開

2. 設定新的影像寬度

1. 錨點改設在右側

3. 改變設定延伸色彩為紫色

5. 瞧！擴大的版面將顯示在左側 →

2-1-4 影像處理器

　　對於影像尺寸的調整，如果有大批的圖檔需要調整，或是想變更所有圖檔的格式為 *.psd 及 *.tif ，可以透過 Photoshop「指令碼」的「影像處理器」來做處理。只要先將需要轉換的圖檔，放置在特定的資料夾，執行「檔案 / 指令碼 / 影像處理器」指令進入如圖視窗，再依如下方法處理就可以了。

1. 按「選取檔案夾」鈕，使後方顯示影像檔所在資料夾的路徑

2. 按「選取檔案夾」鈕，設定影像檔處理後要放置的位置

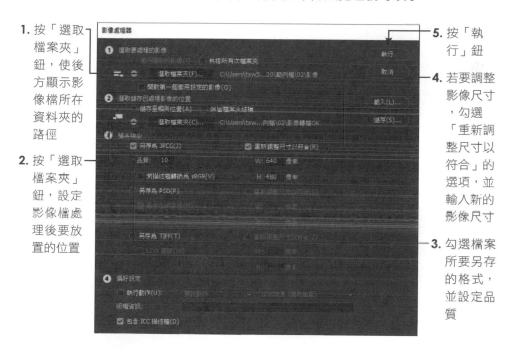

5. 按「執行」鈕

4. 若要調整影像尺寸，勾選「重新調整尺寸以符合」的選項，並輸入新的影像尺寸

3. 勾選檔案所要另存的格式，並設定品質

　　完成如上的設定後，Photoshop 會立即進行轉換的工作，稍待片刻就可以在原先的資料夾中，看到已轉換好的資料夾與檔案。

2-2　色彩調整速成密技

利用數位相機和智慧型手機拍攝相片後，若因拍攝技巧的不夠熟練，讓影像會出現模糊、色偏、曝光過度或不足…等情形，這時可借重 Photoshop 來做修補。這一小節將針對一般大眾常遇到的影像缺失問題作說明，讓數位照片呈現最佳的效果。

2-2-1　自動調整影色調 / 對比 / 色彩

假如沒有做過影像調整的經驗，不知如何開始做影像的色彩、對比或色調階層的調整，不妨利用 Photoshop 提供的自動功能來修正。由「影像」功能選單中選擇「自動色調」、「自動對比」、或「自動色彩」功能，不用作任何的選項設定，就能完成調整的工作。

原影像

經自動色調、自動對比、自動色彩
修正後的結果

2-2-2　亮度 / 對比

「影像 / 調整 / 亮度 / 對比」功能只針對影像的反差與明暗度作調整。

　　當滑鈕往右時，亮度或對比會增加，往左時則降低，如左下圖所示，將「對比」值調大，畫面效果變得更鮮明。

原影像　　　　　　　　　　　　　　對比調到 +76 的效果

2-2-3 色階

　　要判斷影像是否需要調整，可以先觀看一下影像的色調分佈情形，執行「視窗 / 色階分佈圖」指令可以開啟「色階分佈圖」的面板。

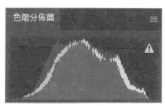

　　透過色階分佈圖，可以清楚了解影像的 RGB 色彩分佈狀況。以上圖所示，分佈圖呈現中高而左右低的山形，表示大部份像素是集中在中間色調的位置，因此可以斷定影像的曝光正常。反觀下圖的商店街景，暗部與亮部的像素多於中間色調，表示影像的明暗對比較大。

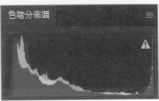

　　想要調整影像的色階，執行「影像 / 調整 / 色階」指令，將會顯現下圖的視窗。

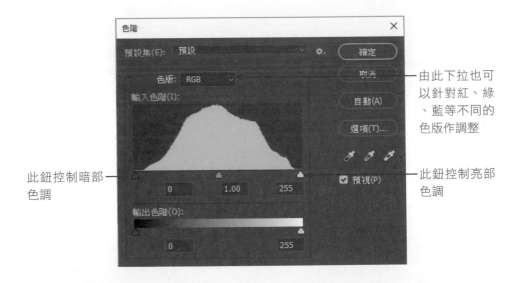

此鈕控制暗部色調

由此下拉也可以針對紅、綠、藍等不同的色版作調整

此鈕控制亮部色調

　　要調整影像的明暗對比，只要將亮部的滑動鈕往左拖曳，就會增加影像的亮度，如果將暗部的滑動鈕往右拖曳，影像的色調就會變暗。

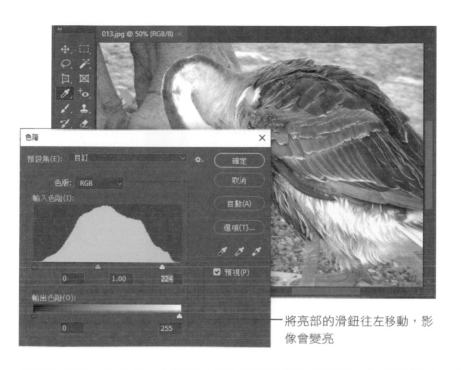

將亮部的滑鈕往左移動，影像會變亮

透過「色階」的功能，也可以快速為影像進行色階調整；如下圖所示，按下「設定最亮點」 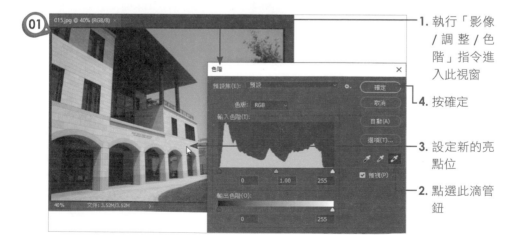 鈕，再到影像上以滑鼠設定新的最亮點位置，Photoshop 就會根據設定的新亮點來重新調整影像的色階。

01

1. 執行「影像 / 調 整 / 色 階」指令進入此視窗

4. 按確定

3. 設定新的亮點位

2. 點選此滴管鈕

影像的色階已重新調整，
畫面整個變亮了

2-2-4 曲線

和色階一樣，「曲線」功能也可以調整影像的明暗與色調。執行「影像 /
調整 / 曲線」指令，進入如下視窗時，會看到筆直的對角線，拖曳該線條就會
自動增加節點，並形成曲線型態。

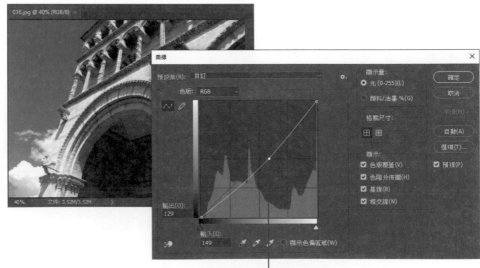

拖曳線條時，會自動增加節點

如果將曲線往上拉會提高影像亮度，曲線下拉則影像變暗。若是想加大影像的反差，那麼透過兩個節點，並將右側亮部上拉，左側暗部下拉就行了。

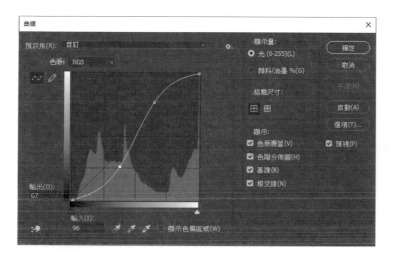

另外，當曲線作極大幅度的波動時，會產生詭譎多變的色彩效果，如圖示。

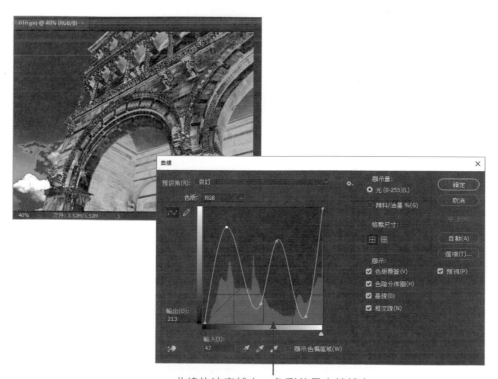

曲線的波度越大，色彩差異度就越大

2-2-5 曝光度

「影像 / 調整 / 曝光度」主要透過曝光度、偏移量、及 Gamma 校正等方式來調整影像色彩。

使用者可以透過滑鈕來控制，也可以透過視窗右側的滴管到影像上設定最亮或最暗的區域。

1. 點選此滴管鈕

2. 設定亮點位置

增加曝光度，可讓明暗對比變大

2-2-6 自然飽和度

當各位發現影像的色彩飽和度不夠時，可以考慮使用「影像／調整／自然飽和度」的功能來讓色彩更鮮明自然。

如下圖所示，如果希望綠葉更翠綠，粉紅花色彩更紅，試著使用「影像／調整／自然飽和度」來作調整。

原影像

自然飽和度調至 +47，飽和度 +45 的效果

2-2-7 色相／飽和度

「影像／調整／色相／飽和度」可針對整個影像，或紅、黃、綠、青、藍、洋紅等色彩做色相、飽和度和明亮度的色彩調整。利用這項功能可以將影像中的某個色彩更換成其他顏色。以下圖中的汽車為例，想更換汽車的色調，可以先選定車子的區域範圍，從「編輯」中選定藍色，再調整色相滑鈕，很快就可以更換車子顏色。

01

以選取工具選定車子的區域範圍，執行「影像／調整／色相／飽和度」指令使進入下圖視窗

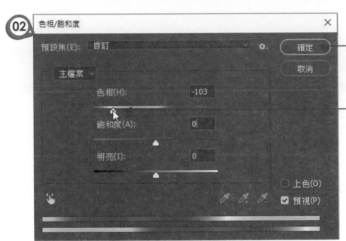

02

2. 按「確定」鈕

1. 由色相調整出新的色相

03

車子由原先的藍色改變成綠色

如果勾選「上色」，影像將轉變成單一色調，透過色相的選定，可做成沖洗店所提供的黑白彩洗效果。

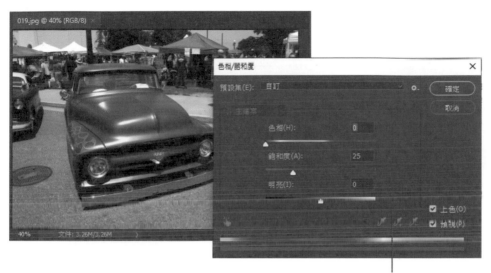

先勾選「上色」，再調整色相，會形成黑白彩洗的效果

2-2-8　色彩平衡

　　「影像 / 調整 / 色彩平衡」主要是針對色彩和色調做平衡的調整。

這裡可以選擇針對陰影、中間調、或亮部做調整

以左下圖為例，如果希望綠葉能更翠綠，只要在影像的「陰影」加入更多的「綠色」，就能顯現右下圖的色彩效果。

原影像　　　　　　　　　　　　　陰影加入更多的綠色

2-2-9　均勻分配

「影像 / 調整 / 均勻分配」是將影像中最亮與最暗之間做平均值的轉換，轉換後，從色階分佈圖裡可以明顯看到色階的差異。

原影像　　　　　　　　　　　　　均勻分配色階

2-2-10　色版混合器

「影像 / 調整 / 色版混合器」指令除了提供在現有的色版與輸出色版之間做色彩調整外，運用多種的預設集，更可以輕鬆進行黑白的轉換。使用時，只要分別點選紅、綠、藍色版，再調整下方的顏色強度，就能產生特別的色調，若要形成黑白效果，則請勾選「單色」。

數位影像編修私房工作術

透過輸出色版可以調整紅色的比重，讓建築物的紅磚更鮮明

2-2-11 調整陰影 / 亮部

「影像 / 調整 / 陰影 / 亮部」可針對陰影、亮部、中間調對比做細部的調整。

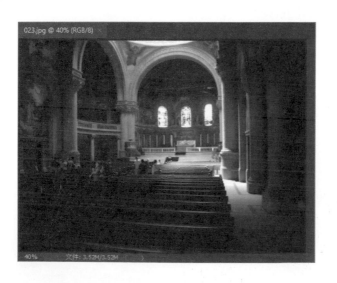

如上圖所示，室內影像因光線明暗差距大，可能形成曝光不足，畫面過暗的情形，此時即可使用此功能作調整。

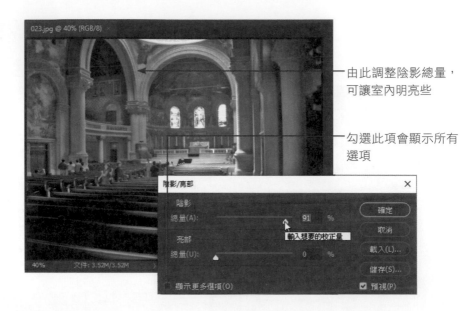

由此調整陰影總量，
可讓室內明亮些

勾選此項會顯示所有
選項

 深入研究 選取顏色與取代顏色

「影像／調整」功能中的「選取顏色」和「取代顏色」都是用來更換色彩，所不同的
是，「選取顏色」是選擇特定的色彩做調整，而「取代顏色」則是強制性的置換顏色。

選取顏色

以「選取顏色」功能調整
紅色系，販賣物中的紅色
飾品也會被調整

取代顏色

1. 點選此滴管

3. 由此調整選定的區域範圍　　**2.** 先至預視窗設定要更換的色彩

5. 調整後，只有牆壁被調整，
其他紅色調不受影響

4. 由此設定取代的顏色及其明亮度

2-3　影像修復宮心計

拍攝的數位影像，有時因為一時疏忽而將多餘的景物拍攝進去，或是人美花嬌，但美中不足的是主角臉上有一顆大痘痘…，諸如此類的影像問題，都可以利用 Photoshop 所提供的仿製工具來修飾。除了使用仿製功能作大範圍的修復外，還有一些不錯的工具可以用來修補小範圍的瑕疵，諸如：臉上的痘痘、紅眼現象，或是作為增強效果的處理。現在就來看看這些工具的使用方法。

2-3-1　修復筆刷工具

修復筆刷工具 是一項修復臉上瑕疵的好用工具，臉上有痘痘、斑點、鬍鬚、疤痕、黑痣…等，都可以利用這項工具來修復。

修復人像時，通常都是以「取樣」做為來源，使用時必需先按「Alt」鍵設定影像來源錨點，再到要修復的地方進行修復就行了。

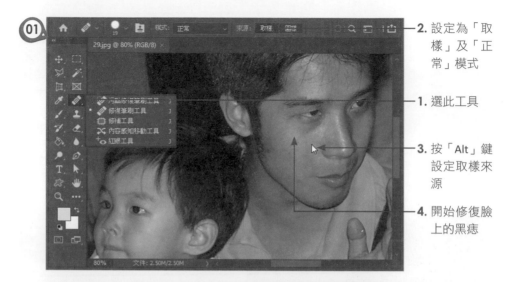

2. 設定為「取樣」及「正常」模式

1. 選此工具

3. 按「Alt」鍵設定取樣來源

4. 開始修復臉上的黑痣

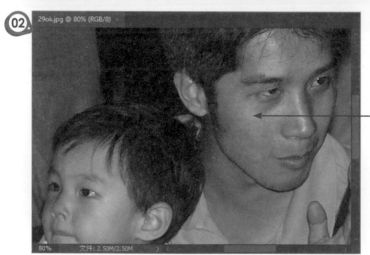

瞧！臉上黑痣都不見蹤影了

2-3-2 修補工具

修補工具 是修補臉上瑕疵的一項便利工具。基本上它的修補方式有兩種，一種是採「來源」方式，一種是「目的地」方式，兩種作法剛好相反。

來源

先圈選要修補的位置，再將圈選區拖曳到無瑕疵的地方。

1 圈選有斑點的區域　**2.** 拖曳到無瑕疵的皮膚處　**3.** 斑點不見了

範例：027.jpg

目的地

先圈選無瑕疵的皮膚，再拖曳到要修復的瑕疵處。

1. 圈選膚色完好的地方　**2.** 拖曳圈選區到有斑點的地方　**3.** 斑點被修復了

2-3-3 汙點修復筆刷

污點修復筆刷工具 在使用時，不需要先選取範圍或定義來源點，只要由選項上設定修復的混合模式，並配合類型做選擇，就可以在畫面上以按滑鼠的方式，或是拖曳的方式將汙點加以修復。

2. 設定選項內容

3. 以滑鼠拖曳前額掉下來的頭髮區域

1. 選此工具

前額修復完成

2-3-4 內容感知移動工具

內容感知移動工具 ✂ 可以讓使用者快速重整影像，不需要精確的選取動作，就可以利用「延伸」或「移動」的模式，製作出栩栩如生的蓬鬆頭髮、樹木或建築物等類的影像物件。

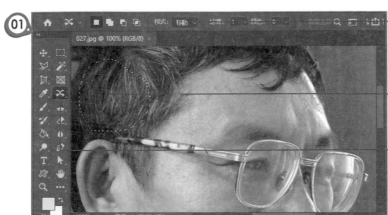

2. 選擇「移動」模式

3. 圈選區域範圍

1. 點選「內容感知移動工具」

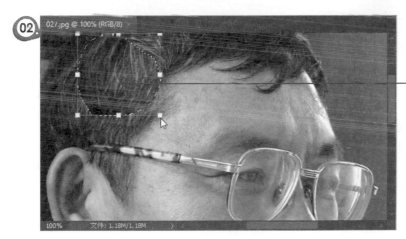

將選取區往上拖曳,可透過控制點縮放比例

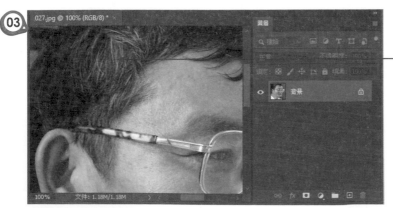

在選取區外按下滑鼠左鍵確認後,會自動合併至背景圖層

2-3-5 紅眼工具

紅眼工具主要在消除因閃光燈直接照射眼睛所產生的紅眼現象，只要在紅眼區域按一下滑鼠或拖曳出該區域範圍，就可以馬上消除。

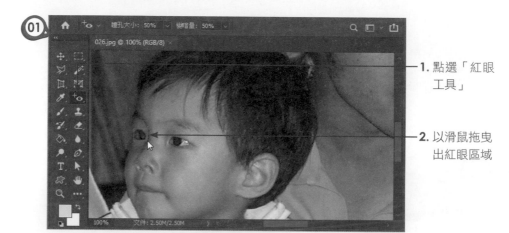

1. 點選「紅眼工具」
2. 以滑鼠拖曳出紅眼區域

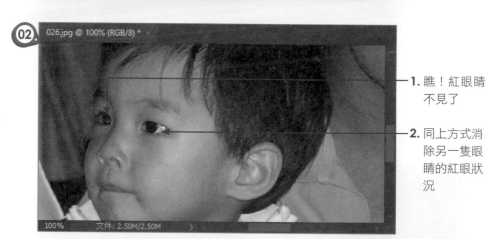

1. 瞧！紅眼睛不見了
2. 同上方式消除另一隻眼睛的紅眼狀況

2-3-6 仿製印章工具

「仿製印章工具」用來修補影像，只要先設定仿製的起始位置，由選項上選擇適當的筆刷，就可以將所設定的影像仿製到指定的位置上。此外，還可在「仿製來源」浮動面板中設定多個來源錨點、縮放比例、或旋轉角度。

由此可設定縮放比例

如下面的範例，漂亮的草坪上多出了礙眼的警告牌示，現在就利用「仿製印章工具」來將它去除，使畫面能顯示完美的效果。

3. 取消「對齊」選項的勾選

2. 選定筆刷大小

4. 加按「Alt」鍵先設定仿製起始點

1. 點選「仿製印章工具」

1. 到需要修補的地方開始修補影像

2. 要重設仿製起點時，請加按「Alt」重設

畫面修補完後，看起來便完整了

在仿製影像時，特別注意選項上的「對齊」，我們以下面的實例解說它的不同點。

勾選「對齊」

仿製工作是以第一次所設定的仿製起始為基礎，然後往外延伸。因此按三次分批仿製，完成的是同一個影像。

1. 使用「Alt」鍵設定鼻子為仿製起始點

2. 按第 1 下滑鼠所仿製的區域

3. 按第 2 下滑鼠所仿製的區域

4. 按第 3 下滑鼠所仿製的區域

未勾選「對齊」

每一次按下滑鼠都是以仿製起始點（鼻子處）開始仿製，因此分三次仿製，所產生的圖形就變成三個了。

1. 使用「Alt」鍵設定鼻子為仿製起始點

2. 按第 1 下滑鼠所仿製的區域

3. 按第 2 下滑鼠所仿製的區域

4. 按第 3 下滑鼠所仿製的區域

瞭解對齊與否的不同點，相信下回在仿製人像時，就知道該如何做比較恰當了。

2-3-7　圖樣印章工具

「圖樣印章工具」  是將選定的圖樣，透過模式和不透明的設定，將圖樣印製到影像上。

2. 按此鈕

3. 下拉選擇「岩石」圖樣

1. 選定「圖樣印章工具」

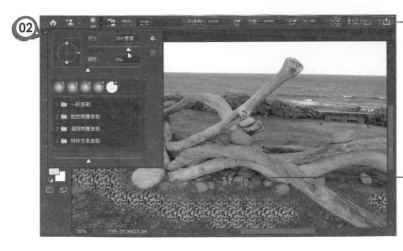

1. 由此下拉選擇筆刷大小

2. 於此處塗抹，即可加入石頭的分布區域

2-4　影像效果的加分法則

拍攝的影像如果質感不夠明顯，諸如：粗糙的材質不夠粗糙，細緻的地方不夠細緻，亮點的地方不夠光亮…等，這些都可以利用 Photoshop 所提供的修飾工具和色調調整工具來加以強化。這裡就針對這些相關的工具為各位做說明。

2-4-1 修飾工具

Photoshop 的修飾工具包括模糊工具、銳利化工具、指尖工具三種。

圖示	工具名稱	說明
	模糊工具	將局部影像的輪廓線條加以渲染，減少顏色的反差程度，而造成朦朧的感覺。
	銳利化工具	透過模式的選定及強度的設定，增加局部影像的反差程度，讓該區域變清晰。
	指尖工具	可做出像手指在油畫顏料未乾的畫布上塗抹的效果。

選定工具後，先由「選項」上調整筆刷樣式與大小，根據畫面需求，設定適合的模式，即可在影像上做局部的修飾。如下圖所示，透過銳利化工具的變亮、變暗模式來強化樹幹的明暗對比，模糊工具將左後方的花變得更深遠，而右上角的雜草則用指尖工具塗抹，修飾過後的影像，主題就更鮮明強眼。

3. 選擇適當模式

2. 設定筆刷大小

1. 選定工具

4. 開始修飾影像

修飾後的主題更強眼，對比史鮮明

2-4-2 色調調整工具

Photoshop 的色調調整工具包括了加亮工具、加深工具、海綿工具三種。

圖示	工具名稱	說明
🔍	加亮工具	可設定在亮部、中間調或陰影處做局部的加亮處理。
●	加深工具	可在亮部、中間調或陰影處做局部影像的變暗處理。
●	海綿工具	用來增加或減少局部影像的飽和度。

在 2020 版本中，這三項工具在「圖形和網頁」的工作區中並沒有顯現出來，不過可利用「編輯工具列」的方式將它加入。如下圖示：

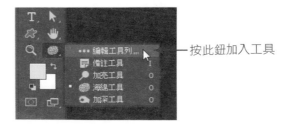

按此鈕加入工具

選定工具後，先由「選項」面板調整適當的筆刷大小，設定要做色調調整的範圍或模式，就能直接在影像上塗抹修改了。

01

3. 設定調整範圍或模式

2. 調整筆刷大小

4. 開始修正影像

1. 選定工具

02

1. 此處以加亮工具加亮亮部範圍

2. 此處使用海綿工具增加飽和度

3. 修正後，影像的生鏽與斑剝更強烈

2-4-3 顏色取代工具

「顏色取代工具」 主要還是透過筆刷和模式的設定，來將影像中的色彩更換成所指定的顏色。透過這項工具，要為人像更改膚色、刷入腮紅、眼影…等，都是易如反掌。

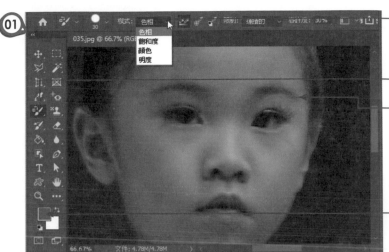

01

2. 設定筆刷大小、模式與容許度

1. 選定工具

4. 開始以滑鼠塗抹眼影區域

3. 選定眼影顏色

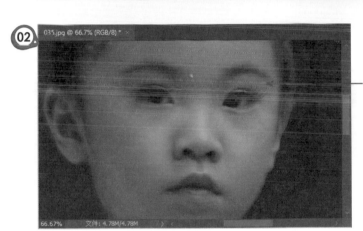

02

瞧！顯現紫色調的眼影效果

 深入研究 模糊影像背景

當拍攝的背景畫面太過清楚，以致於干擾到畫面中的主角時，除了使用「模糊工具」慢慢將局部影像的輪廓線條加以渲染外，還可以先透過選取工具先將背景選取起來，再利用「濾鏡 / 模糊 / 高斯模糊」指令調整模糊的強度就行了。特別注意的是選取背景時，記得要設定羽化值，這樣背景與主角的銜接才不會太僵硬。

原影像

背景模糊了就不會干擾主題

課堂上學不到的
驚艷影像效果

Photoshop

數位影像除了可以透過 Photoshop 的「影像 / 調整」功能，來顯現最佳的原始風貌外，透過 Photoshop 軟體的處理，也可以將它呈現特殊的效果，或是像藝術家所繪製的藝術作品一般。以往這些特殊效果都必須透過專業的攝影師在暗房中處理，或是經由藝術家的巧手才能表現出來，現在只要動動手指頭，各位也可以搖身變成一個經過多年修練的影像專家。此章節將針對影像的特殊調整、如何做出藝術畫等內容作說明。

3-1　特殊眉角的處理

這裡所謂的影像特殊調整，是指去除飽和度、黑白、負片、相片濾鏡、色調分離、漸層對應…等與色彩有關的特殊調整，透過色彩的增減讓影像顯現不同的效果。

3-1-1　去除飽和度

「影像 / 調整 / 去除飽和度」指令主要用來去除影像的彩度，它的效果就和黑白相片相同，看不到顏色。

原影像

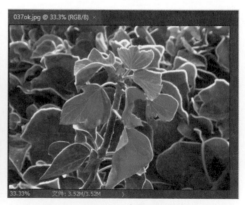

去除飽和度後，將形成灰階形式

3-1-2　黑白轉換

利用「影像 / 調整 / 黑白」指令能輕鬆將彩色影像轉換成黑白影像。此功能主要是透過紅、黃、綠、青、藍、洋紅等色版的調整，來決定黑白圖片所要

呈現的明暗對比，勾選下方的「色調」，可以透過色相的選擇，做出照相館所作的黑白彩洗效果。另外也可以嘗試以黑白預設集為基礎，建立並儲存自訂的預設集，以取得最佳的效果。

2. 顯示黑白彩洗的效果

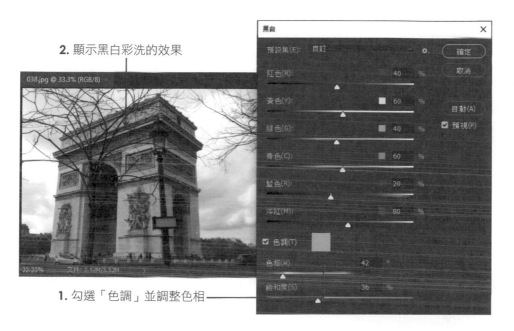

1. 勾選「色調」並調整色相

3-1-3　負片效果

「影像 / 調整 / 負片效果」指令則是將影像做出如底片般的反相色彩。

原影像

負片效果

3-1-4　相片濾鏡

「影像 / 調整 / 相片濾鏡」可以透過各種色調的冷暖濾鏡，來改變影像的色彩效果，選定濾鏡與色彩後，可由下方的滑動鈕來控制濃度。

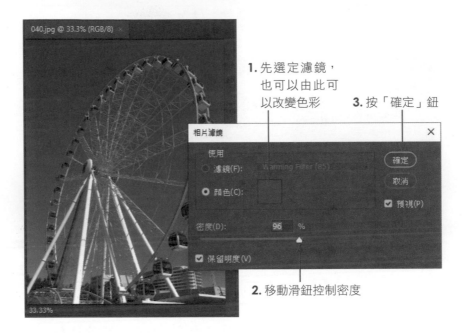

1. 先選定濾鏡，也可以由此可以改變色彩

3. 按「確定」鈕

2. 移動滑鈕控制密度

3-1-5　臨界值

「影像 / 調整 / 臨界值」是將影像轉換成黑與白，並形成高反差的效果，透過臨界值的設定來決定黑與白的比例。

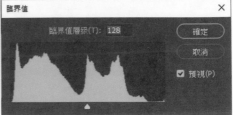

臨界值設定視窗

如上圖所示的跨橋景色，臨界值設的不一樣，呈現出來的高反差效果也不相同。

高反差色階為 92

高反差色階為 50

3-1-6 色調分離

　　「影像 / 調整 / 色調分離」會依據使用者所設定的色階數來合併相近的色調，使產生特殊的色彩效果。如圖所示，色階數值設的不一樣，呈現出來的色彩效果也不相同。

色階為 2

色階為 6

3-1-7 漸層對應

　　「影像 / 調整 / 漸層對應」是將漸層色調對應到目前影像的階調之中，而產生新的色彩效果。選用此功能時會看到如下的視窗，由對應的漸層下拉挑選喜歡的漸層圖示，就可以馬上看到加入漸層的效果。

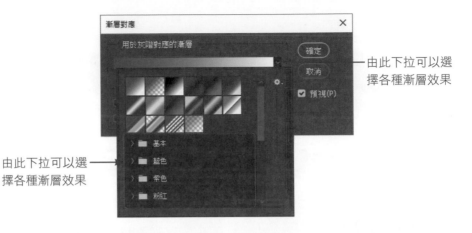

由此下拉可以選擇各種漸層效果

由此下拉可以選擇各種漸層效果

如右下圖所示,選用藍、紅、黃的漸層對應,馬上就可以讓神像變成圖案式的色彩效果。

原影像

加入藍、紅、黃的漸層對應

3-2 活用藝術彩繪

Photoshop 除了提供美術設計人員做影像色彩的編修與影像合成的處理外,藝術繪圖的表現也是易如反掌;除了因為它具有各式各樣的繪圖工具及筆刷樣式可以選擇外,重要的是修改很容易,再加上可以使用數位筆來取代滑鼠,能模擬出筆的壓力與輕重,因此讓設計師越來越愛它,此處就來探討 Photoshop 在藝術繪圖方面的表現。

3-2-1 繪圖工具

　　要做出具有藝術效果的插畫設計，主要是使用繪圖工具，像是筆刷工具 和鉛筆工具 等，另外，還可以利用編修工具來輔助，像是仿製印章工具、圖樣印章工具、加亮工具、加深工具、海綿工具、模糊工具、銳利化工具、指尖工具、污點修復筆刷、修復筆刷工具、修補工具等的使用，只要善用這些工具，加上素描的明暗概念與配色技巧，就可以畫出不錯的作品。

3-2-2 筆刷筆觸設定

　　選用繪圖工具時，少不了要設定筆刷的大小與樣式。通常使用者都是由「選項」設定筆刷，筆刷的樣式與變化事實上可多著呢！執行「視窗/筆刷」指令將顯示「筆刷」面板，或是在選項上按下 鈕將會顯示「筆刷設定」面板。

點選類別，可以個別調整該項細部屬性

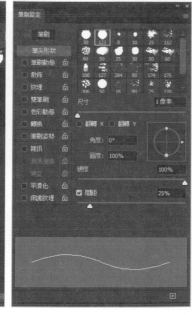
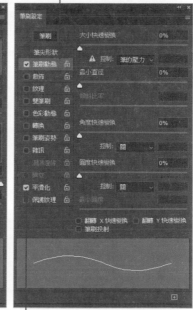

筆刷面板　　　　　　筆刷設定面板　　　　　　勾選表示加入該項設定

　　「筆刷」面板除了提供一般的筆刷樣式外，還有乾性、潮濕、特殊效果的筆刷；而「筆刷設定」面板除了各種的筆尖形狀的選擇外，還可設定筆刷的尺

寸、硬度、角度、間距等屬性。在繪圖時，各位可以透過筆刷傾斜度和旋轉角度來改變筆尖形狀，也可以選用特殊的筆刷，如下圖所示：

1. 按此鈕顯示「筆刷預設」揀選器

3. 設定筆刷尺寸

4. 設定筆刷角度

2. 選用不同筆刷類別與樣式

3-2-3 仿製印章工具

要繪製具有藝術氣息的畫面，首先就是選用繪圖或編修工具，然後選擇喜歡的筆刷筆觸，就可以開始繪製。這兒以「仿製印章工具」為例，透過特殊筆尖形狀與紋理來繪製具有藝術氣息的影像。

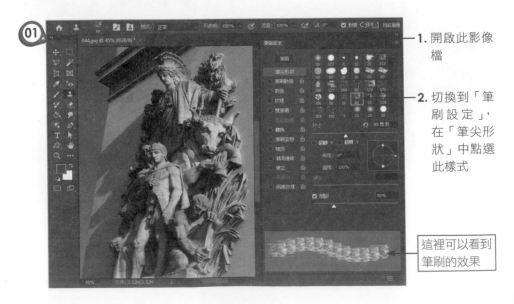

1. 開啟此影像檔

2. 切換到「筆刷設定」，在「筆尖形狀」中點選此樣式

這裡可以看到筆刷的效果

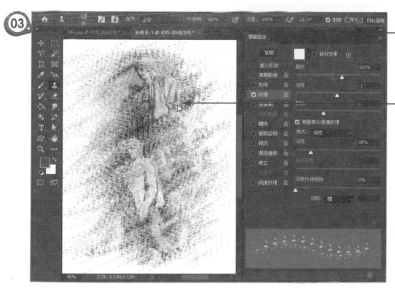

4. 勾選「對齊」選項

5. 在原影像中加按「Alt」鍵設定仿製起始點

1. 切換到「紋理」類別

2. 調整「深度」的數值，使顯現如下方的筆觸

3. 選用「仿製印章工具」

1. 開啟一張與影像同大小的空白紙張

2. 從設定的仿製起始點位置開始拖曳滑鼠，繪製過程中可調整「筆刷」深度，讓畫筆顏色加深

完成具藝術氣息的畫作

　　如果各位沒有受過素描的基礎訓練，利用「仿製印章工具」就能畫出如圖的藝術影像。如果受過美術訓練，那麼繪圖的空間就更加多樣。

3-2-4　圖樣印章工具

　　除了以「仿製印章工具」和筆刷可以繪製具有藝術氣息的影像外，利用「圖樣印章工具」和筆刷也同樣可以彩繪具藝術氣息的影像。

原影像

以圖樣印章工具與筆刷彩繪的畫面

要製作如上右圖的畫面，其繪製過程大致如下：

全選影像後，執行「編輯 / 定義圖樣」指令，使進入下圖視窗

按「確定」鈕離開

1. 點選「圖樣印章工具」

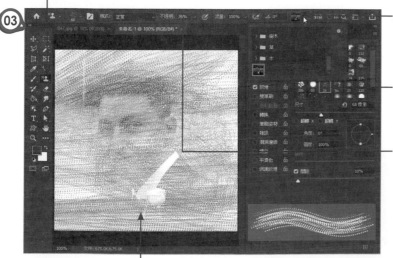

2. 由此下拉可以找到剛剛自訂的圖樣

3. 設定喜歡的筆尖形狀與大小

4.「選項」面板可調整筆刷的不透明度

5. 開啟與影像檔同大小的文件，並開始在畫面上塗抹

04

依次選用不同
的筆刷，並由
「選項」面板
調整筆刷不透
明度，使顯現
多層次的變化

05

1. 由「選項」
面板改選其
他筆觸，並
調整不透明
度

2. 設定前景色
色彩，再至
畫面背景處
開始塗抹

06

依此原則，即可完成具藝
術氣息的人物畫像

3-2-5 步驟記錄筆刷

　　從事藝術繪圖表現時，除了使用繪圖工具來處理畫面外，還可以嘗試利用「步驟記錄筆刷工具」來將繪製過的部份做局部或全部的還原，使產生特殊的繪圖效果。不過在使用此工具時，必須配合「步驟記錄」面板來「新增快照」，以便記錄不同時段所設計的畫面效果。

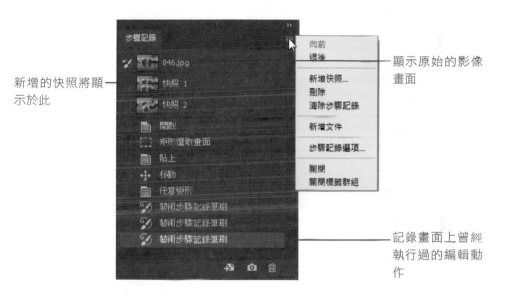

新增的快照將顯示於此

顯示原始的影像畫面

記錄畫面上曾經執行過的編輯動作

　　「步驟記錄」面板的上方用來顯示目前所編輯的影像縮圖，或是所快照下來的畫面；下方則是記錄執行過的所有指令動作，因此要復原影像畫面，從這兒就能做多個指令的回復。

　　在編輯畫面時，只要做到滿意的畫面效果，可以執行「新增快照」指令將它快照下來，快照功能提供「全文件」、「合併圖層」、「目前圖層」三種方式，因此可依據需求決定從哪種方式快照畫面。而所快照下來的畫面就能利用「步驟記錄筆刷工具」來加以編修，或是利用「藝術步驟記錄筆刷」來加入不同的藝術筆觸。

　　下面以兩張畫面作介紹，讓各位體會一下「步驟記錄筆刷工具」的使用方法。

01

1. 開啟「045.jpg」圖檔

2. 以「多邊形套索工具」概略選取如圖的影像區域，然後執行「編輯 / 拷貝」指令

02

1. 切換到「046.jpg」的畫面，執行「編輯 / 貼上」指令，將前面的影像貼入

2. 以「移動工具」將影像移到如圖的位置，並利用「編輯 / 變形 / 縮放」指令，將橋放大些

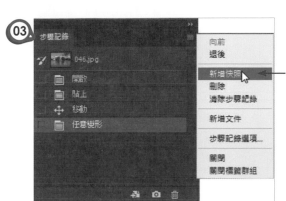

03

由面板右上角下拉選擇「新增快照」指令

04

2. 按下「確定」鈕

1. 選擇從「目前圖層」新增快照

1. 點選「藝術步驟記錄筆刷工具」

05

2. 筆刷大小設為「3」，樣式為「緊短」

3. 確定面板上的此圖示是設定在「046.jpg」的位置上

06

1. 塗抹影像中段區域，使水平面能完美的銜接

2. 不滿意的地方，可由浮動面板回到上一個步驟或多個步驟

1. 改選「步驟記錄筆刷工具」

2. 確定面板上的此圖示設定在「快照1」的位置上

3. 塗抹湖面與白色建築物的交接處，讓橋能顯現完整

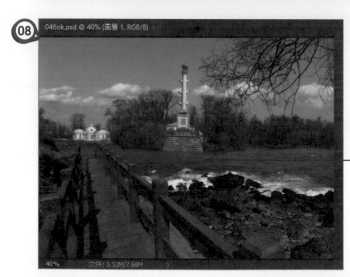

— 畫面完成了

3-3 範例實作－以「影像／調整」功能美化影像

這個範例主要練習使用「影像／調整」功能來合成畫面。一方面修飾原先人像上過暗的色彩，同時將另外不相干的照片運用「臨界值」和「漸層對應」的功能設定所需的背景色調。

完成畫面

來源檔案

步驟說明

首先來決定背景影像的色調，請開啟「圖 1.jpg」圖檔。

1. 開啟「圖 1.jpg」圖檔

2. 執行「影像 / 調整 / 臨界值」指令

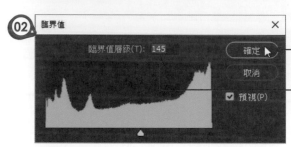

2. 按「確定」鈕

1. 由視窗之後觀看影像黑白的比例，以決定臨界值的層級

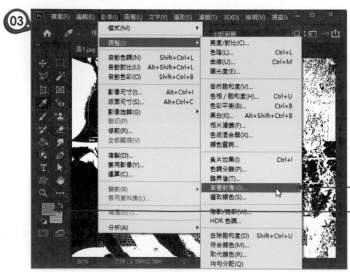

2. 執行「影像 / 調整 / 漸層對應」指令

1. 先決定前背景色彩

1. 選擇前景到背景的漸層

3. 按「確定」鈕

2. 勾選「反轉」

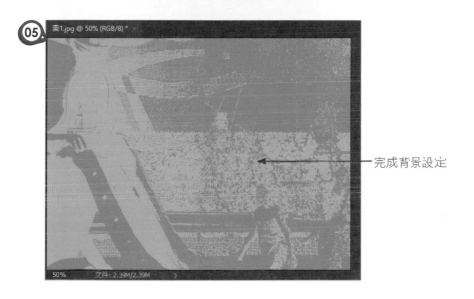

完成背景設定

背景確定後，接著要來將影像的最亮與最暗點作平均處理，使人像看起來較明亮些。請各位開啟「圖 2.jpg」圖檔。

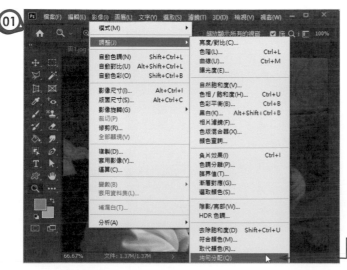

執行「影像 / 調整 / 均勻分配」指令

02

2. 羽化值設為 30

1. 點選「套索工具」

3. 概略選取人像的區域範圍

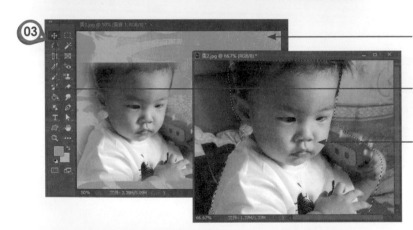

03

1. 將兩張圖並排

2. 點選「移動工具」

3. 將選取區域拖曳到「圖1」的編輯視窗中

04

執行「編輯／變形／縮放」指令，調整影像的位置與大小，確定位置後，按下「Enter」鍵確定

05 實作3完成.psd @ 50% (圖層 1, RGB/8) ×

50% 文件: 2.39M/5.77M

—顯示完成的畫面效果

不藏私影像創意
選取技巧

Photoshop

各位要用繪圖軟體來從事設計，首先要先指定區域範圍，然後再執行軟體所提供的功能特效，這樣才能依照設計者的想法來完成畫面效果。因此要讓電腦知道哪些範圍需要做效果，就必須先學會使用選取工具來圈選區域。

4-1 選取工具使用技巧

Photoshop 所提供的選取工具相當多，每個工具各有它的特點，不過使用技巧都差不多，現在就讓筆者為各位做說明。

4-1-1 選取區的增減

一般常用的選取工具包括矩形選取畫面工具 、橢圓選取畫面工具 093、套索工具 、多邊形套索工具 、磁性套索工具 、魔術棒工具 ，以及快速選取工具 ，預設狀態都是提供新增選取區域。不過，可以配合「選項」列來做增加、減去或相交設定，甚至做柔化處理，讓需要做效果的區域可以達到設計者的要求。

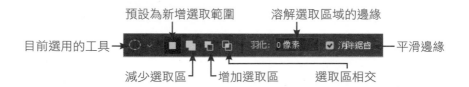

預設為新增選取範圍　　　　　溶解選取區域的邊緣

目前選用的工具 →　　　　　　　羽化：0 像素　　☑ 消除鋸齒 ← 平滑邊緣

減少選取區　　　　增加選取區　　　選取區相交

不管任何選取工具，使用者都可以相互運用，只要將它設在「增加」、「減少」或「相交」模式，就可以將它組成新的選取區域。

🖌 增加至選取範圍

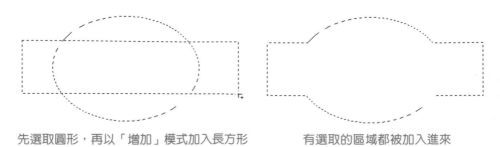

先選取圓形，再以「增加」模式加入長方形　　　有選取的區域都被加入進來

從選取範圍中剪去

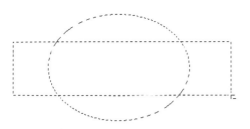 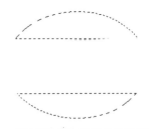

先選取圓形，再以「減少」模式加入長方形　　後面圈選的區域會被消除

與選取範圍相交

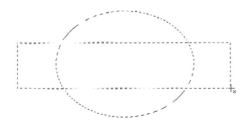 

先選取圓形，再以「相交」模式加入長方形　　兩個圖形都被選到的部份才會保留下來

　　除了「魔術棒工具」之外，選取工具都可以做「羽化」設定。「羽化」是做影像合成時最常用的一個手法，配合複製與貼上的指令，兩張影像就可以很自然地接合在一起，而不會覺得奇怪。如下圖所示，各位可以比較看看不同柔邊值所產生的效果。

羽化值 0　　　　　　羽化值 20　　　　　　羽化值 50

4-1-2 選取工具的「調整邊緣」功能

　　選取工具的「選項」還有 選取並遮住… 鈕，按下此鈕將進入如下視窗，可以設定選取邊緣的對比、平滑、羽化、或縮減 / 擴張的程度。

預視方式的選擇，有如左的七種選擇方式，可按「F」鍵切換視圖

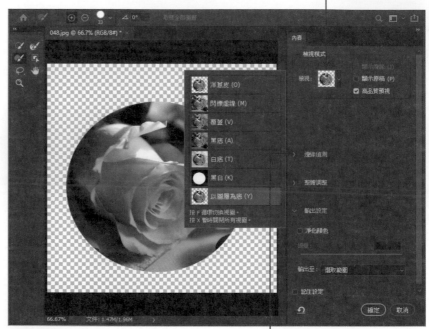

按此鈕可展開選項設定

　　按下「檢視」後方的三角形按鈕，可以選擇如圖的各種預視方式，方便使用者預先感受選取區將來所呈現的效果。設定部分包含「邊緣偵測」、「整體調整」、「輸出設定」三部分，按一下名稱前的三角形鈕可展開選項，可進行選取區邊緣的增減、柔化選取區邊緣、或做輸出效果的選擇，使選取區的柔邊效果更能符合設計師的要求。

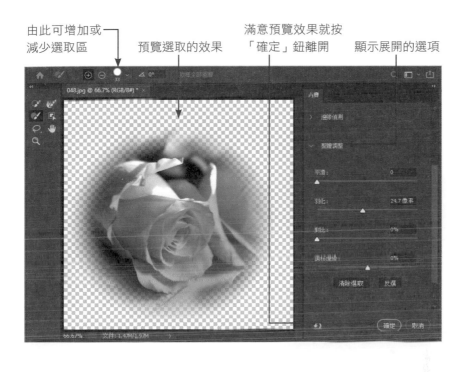

由此可增加或
減少選取區

預覽選取的效果

滿意預覽效果就按
「確定」鈕離開

顯示展開的選項

4-2　基本形狀選取工具

　　對於各選取工具的共通使用方式有所了解後，接下來看看基本選取工具有哪些特別的選項功能。

4-2-1　矩形選取畫面工具

　　「矩形選取畫面工具」　可選取長方形或正方形，配合選項所提供的樣式，可做精確選取。

模式	說明
正常	直接拖曳滑鼠可選取長方形，而加按「Shift」鍵可選取正方形。
固定比例	根據需求輸入寬度與高度的比值，這樣在畫面上所拖曳出來的區域，就會以此比例做縮放。
固定尺寸	能精確的選取到所固定的寬度與高度。

4-2-2 橢圓選取畫面工具

「橢圓選取工具」 ⬭ 的用法與矩形選取工具完全相同，可以選取圓形或橢圓型的區域範圍，不過它多了「消除鋸齒」的選項。

勾選「消除鋸齒」可以讓選取邊緣與背景做完美的融合，通常在設計版面時大都會勾選它；但如果要製作去背景的插圖時，建議將此項取消，這樣在儲存檔案後，才不會在影像邊緣殘留下白色的殘影。

取消「消除鋸齒」的勾選

勾選「消除鋸齒」選項

4-3　不規則形狀選取工具

除了圓形和矩形等基本形狀的選取外，如果想要選取不規則造型，那麼 Photoshop 提供套索、多邊形套索、磁性套索、魔術棒、快速選取等工具可供各位使用。現在就來看看這些工具的使用技巧。

4-3-1 套索工具

要使用「套索工具」 ⬭ ，必須按著滑鼠不放，並沿著影像的邊緣描繪，直到原點處才放開滑鼠；如果中途放開滑鼠，就代表選取動作已經結束。由於使用套索工具不易做精確的選取，通常都會配合羽化的功能，或是運用在不需要特別在意影像輪廓線的影像上。

原影像

配合羽化值設定，即使未做精確的
輪廓描繪，也能產生不錯的效果

4-3-2 多邊形套索工具

「多邊形套索工具」是以滑鼠逐一點選的方式來圈選範圍，所按下的每一個點會以直線的方式連接，因此適合作星星、窗戶、大樓…等幾何造型的圈選。

1. 選取「多邊形套索工具」

2. 依序在轉角處以滑鼠點選，即可產生選取區域

4-3-3 磁性套索工具

「磁性套索工具」是許多人愛用的選取工具，因為它就像吸鐵一樣，藉由色彩之間的反差，而快速找到輪廓線的位置。因此在按下左鍵開始描繪輪

廓時，它會自動依附在輪廓線上，如果因色彩關係偏離輪廓，才需要按下左鍵為它確定，接著依序順著輪廓線移動滑鼠，直到起點處按下左鍵表示結束。

1. 點選「磁性套索工具」

3. 唯有磁性套索工具偏離輪廓線時，再按一下滑鼠左鍵確定

2. 按左鍵先設定起始點

2. 完成時，輪廓線若有不精確的地方，可再利用增加、減少等模式加以修正

1. 依序沿著輪廓線繞行，使建立圈選範圍

4-3-4 魔術棒工具

當背景或主體的色調較單純或接近時，利用「魔術棒工具」 ![魔術棒] 作選取是最快速不過。例如要選取如圖的建築物，透過魔術棒工具與其容許度的設定來快速選取背景，再將選取區反轉即可。

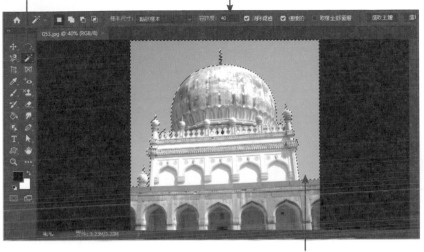

1. 將點選「魔術棒工具」　　**2.** 將容許度設在「40」

3. 以滑鼠左鍵按一下天空，瞧！馬上就能將背景快速選取

在容許度方面，數值設得越高，選取的範圍就會越大。如果未勾選「連續的」，則選取背景時，建築物中若有藍色調的區域也會一併被選取。若選取的部分牽涉到圖層，可勾選「取樣全部圖層」的選項。

4-3-5　快速選取工具

「快速選取工具」 ![icon] 能在彈指間快速選取範圍，使用者只要在影像上畫出大致的範圍，就能瞬間完成範圍的選取。

1. 點選「快速選取工具」

3. 沿著紅線拖曳滑鼠到此處後放開，即可選取天空

2. 由此點按下滑鼠左鍵不放

4-4 選取範圍的調整

在選取影像範圍時，「選取」功能表也提供一些基礎與進階的選取指令。例如：「選取 / 全部」用以全選整張影像、「選取 / 反轉」會將選取區與未選取區顛倒過來、而「選取 / 取消選取」是取消選取狀態，這些都是經常會用到的指令，而本節將針對一些進階的選取區指令做介紹，以便輔助各位做選取。

4-4-1 選取顏色範圍

「選取 / 顏色範圍」是以顏色當作選取的依據，如果選取的色彩散落在各個角落，不妨以此功能來做選取。執行該指令後，可先由下方的「選取範圍預視」下拉選擇預視的色彩，再到預視窗中按下滑鼠決定想要選取的顏色區域，拖曳「朦朧」的滑鈕即可觀看到效果。

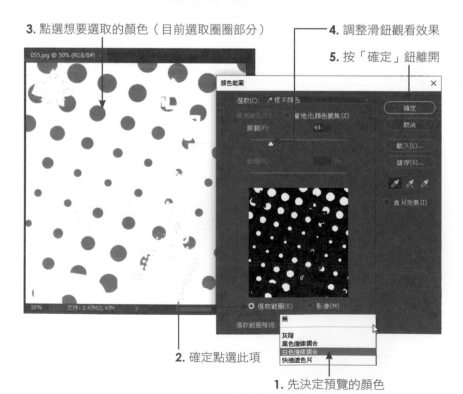

3. 點選想要選取的顏色（目前選取圈圈部分）

4. 調整滑鈕觀看效果

5. 按「確定」鈕離開

2. 確定點選此項

1. 先決定預覽的顏色

4-4-2 調整選取範圍邊緣

「選取 / 調整邊緣」指令和各位在「選項」中使用的 選取並遮住... 功能完全相同，因此只要利用套索工具 ◯ 大略地圈選影像輪廓，利用此功能就能快速做出唯美效果，各位不妨多加利用，不但省時且效果又好。

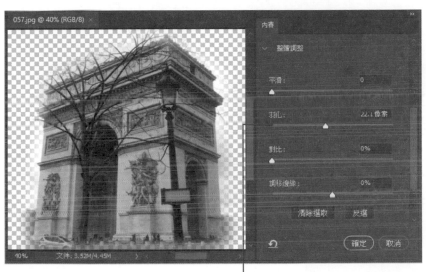

調整此滑鈕，馬上就看到選取邊緣的柔化效果

4-4-3 修改選取範圍

「選取 / 修改」指令中包括邊界、平滑、擴張、縮減、與羽化等選項，可供各位修改選取區。

✐ 邊界

想要強調畫中的主角，或是要做線框效果的文字，可在選取範圍後，利用「選取 / 修改 / 邊界」指令來達到。

01

2. 利用「選取 / 修改 / 邊界」指令進入此視窗，設定邊界寬度

3. 按「確定」鈕

1. 以選取工具選定範圍

02

2. 以「編輯 / 填滿」指令將框線填入橙色

1. 前景色設為橙色

平滑

平滑功能會將選取的區域修正為較圓滑且彎曲的形式。

以水平文字遮色片
工具所輸入文字

將平滑的取樣強度設為 **20**，
文字的尖角都不見了

🖊️ 擴張

　　「擴張」用來擴張選取的區域，尤其是在圈選插圖時，如果因影像邊緣有使用羽化效果而無法完美圈選影像，就可以考慮利用此指令來做調整。

以魔術棒選取背景時，選取
框未落在影像之上

以「擴張」指令做修改，再做反轉，
就能完美取得影像

🖊️ 縮減

　　縮減的用法與「擴張」雷同，以上圖為例，在使用魔術棒工具圈選背景後，先執行「反轉」使改選影像，再執行「縮減」指令，一樣可以得到相同的結果。

羽化

此功能和選取影像前，由「選項」中預先設定「羽化」值是相同的，它可以使選取的邊緣產生柔化的效果。

4-4-4 儲存與載入選取範圍

好不容易所選取到的範圍，有可能會重複運用，這時候就可以考慮透過「選取 / 儲存選取範圍」指令將它儲存起來。儲存後需再度使用時，就執行「選取 / 載入選取範圍」指令將它載入。

2. 執行「選取 / 儲存選取範圍」指令進入此視窗，輸入名稱

3. 按「確定」鈕離開

1. 先圈選範圍

儲存選取範圍後，它會在「色版」中顯示所增設的圖形，如圖示：

4-5　選取範圍的加值編輯

前面學了那麼多的影像選取技巧，目的就是將影像複製或移動到期望的位置，因此這個小節就要來看看有關這方面的功能指令。

4-5-1　移動工具

選取好範圍，想要移動選取區的位置，一定要選用「移動工具」 ⊕ 。一般來說，選取區被移開後，原來的位置會以設定的背景色填入。

移開選取的影像，原區域將會顯現背景色

4-5-2　拷貝與貼上

影像被選取後，通常我們會執行「編輯 / 拷貝」指令先將它拷貝到剪貼簿中，然後開啟要編輯的版面，再執行「編輯 / 貼上」指令將它貼入。如果想將拷貝物貼入特定的選取區裡，則請使用「編輯 / 貼入範圍內」的指令。

01 063.jpg @ 33.3% (RGB/8) ×

全選影像後，執行「編輯 / 拷貝」指令

33.33%　　文件: 3.52M/3.52M

02 063.jpg @ 33.3% (RGB/8)　062.jpg @ 33.3% (RGB/8) ×

以選取工具設定要貼入的區域範圍

33.33%　　文件: 3.52M/3.52M

03 063.jpg @ 33.3% (RGB/8)　062.jpg @ 33.3% (画層 1, RGB/8) * ×

1. 執行「編輯 / 選擇性貼上 / 貼入範圍內」將顯現如圖

2. 利用「移動工具」還可調整貼入影像的位置

33.33%　　文件: 3.52M/8.17M

4-5-3 清除選取區

在選定範圍後，如果想要清除影像，使用「編輯／清除」指令就能做到，建議在清除前先設定背景色，因為清除之後，該區域會填入背景色彩。

01

2. 以選取工具選取背景部分

1. 先設定藍色背景

02

執行「編輯／清除」指令，背景就會顯示藍色

4-5-4 圖形變形扭曲

所選取的圖形範圍如果需要作變形處理，諸如：縮放、旋轉、傾斜、扭曲、透視…等，可以利用「編輯／變形」或「編輯／任意變形」來處理。比較特別的是「編輯／變形／彎曲」功能，利用這項功能可以輕易將影像作彎曲變形，所以要做出瓶罐上的貼圖，或是旗幟飄揚等效果，都是易如反掌。

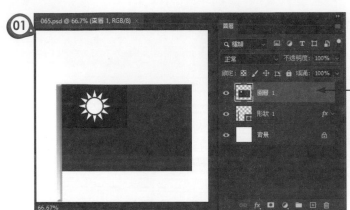

點選國旗所在的圖層

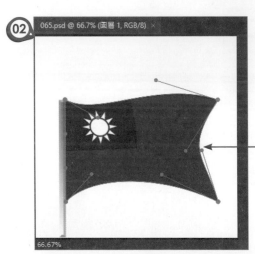

執行「編輯 / 變形 / 彎曲」指令，直接點選控制點，並調整旗幟的彎曲方式，完成時按「Enter」鍵確定變形結果

同樣地，瓶罐上的貼圖只要透過「選項」中的「拱形」，也可以快速完成。

2. 執行「編輯 / 變形 / 彎曲」指令，然後由「選項」選擇「拱形」變形方式

1. 點選標籤所在的圖層

調整此點的弧度，使與瓶罐相吻合，調整完畢按「Enter」鍵確定變形結果

4-5-5 裁切選取區

想要將選取的範圍保留下來，其餘的部份加以刪除，可以使用「影像 / 裁切」指令來剪裁選取區。

1. 先以選取工具選定範圍

2. 執行「影像 / 裁切」指令就可以剪裁畫面

4-6 選取範圍的上彩藝術

各位在選取範圍後或是選定顏色後,接下來就可以利用各種工具,將期望的顏色填入指定的位置。選定好區域範圍,透過油漆桶、筆刷、鉛筆、漸層等工具,指定的顏色就可以填滿指定的範圍。

4-6-1 填滿色彩

使用油漆桶工具 可以快速將特定的顏色填滿整個畫面或選取區。

1. 點選「油漆桶工具」

3. 在選取範圍內按一下滑鼠左鍵

2. 選定前景色

該區填滿指定的色彩

4-6-2 填滿漸層色彩

　　想在畫面上加入漸層色彩，必須選用「漸層工具」  才做得到。選項上提供如圖的五個按鈕，讓各位做出不同樣式的漸層變化。

角度漸層

編輯漸層色彩　線性漸層　　菱形漸層

放射性漸層　反射漸層

　　選用某一漸層樣式後，首先要決定漸層起始點的位置，只要在起始點位置按下滑鼠不放，然後拖曳到漸層結束點上放開滑鼠，這樣就可以填滿漸層色彩。要注意的是，選擇同一種漸層樣式，設定的起始點與結束點位置不同時，出來的效果也完全不同，如下圖所示：

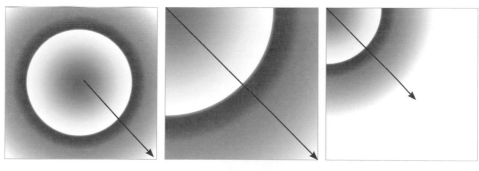

　　在 2020 版本中，揀選器提供十多種色系的漸層色可以選用，由選項上按下 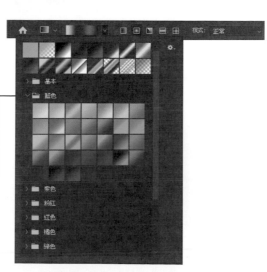 就能進入漸層揀選器，展開類別後，即可快速選用。

按此鈕展開該類別的漸層

4-6-3 填滿圖樣

執行「編輯 / 填滿」指令可以將指定的色彩或圖樣填滿選取區域，甚至透過各種混合模式或透明度設定來與底色圖案做結合。

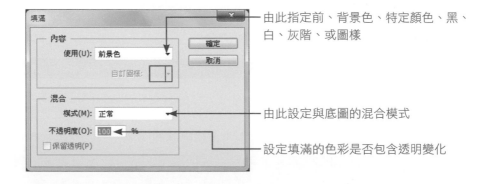

由此指定前、背景色、特定顏色、黑、白、灰階、或圖樣

由此設定與底圖的混合模式

設定填滿的色彩是否包含透明變化

了解「填滿」指令所包含的選項設定後，以下以實例為各位說明，如何將圖樣填滿選取區。

01

使用選取工具，先將牆壁選取起來

02

1. 執行「編輯 / 填滿」指令進入此視窗

5. 按「確定」鈕離開

2. 內容使用「圖樣」，並由「自訂圖樣」挑選圖樣縮圖

3. 設定混合模式為「覆蓋」

4. 設定透明度比例

03 067ok.jpg @ 33.3% (RGB/8) - 正在儲存 19% ×

─── 牆壁的色調被更換了

33.33%　　儲存 19%　　⊗

4-6-4 筆畫色彩

有時候因畫面需求，只希望將選取的框線填入色彩，諸如：文字的外框線或是做強調效果時，可利用「編輯 / 筆畫」指令來處理。於其選項中可以指定筆畫的粗細、色彩、位置、透明度、以及與底圖混合的模式。若能配合選取時的羽化值設定，變化就更多了。

01 068.jpg @ 66.7% (RGB/8) ×

Franklin Gothic Heavy　Regular　60 pt

─── **3.** 由選項設定適合的字體

─── **2.** 輸入所需的文字內容

─── **1.** 選用「水平文字遮色片工具」

66.67%　　文件: 900.0K/900.0K

1. 執行「編輯 / 筆畫」指令進入此視窗

3. 按「確定」鈕離開

2. 設定筆畫的寬度、顏色、位置及混合模式

選取區域以筆畫的方式呈現

4-7 選取範圍的去背與轉存

好不容易選取圖形後,可能要將圖形應用到網頁或其他多媒體用途上。此時就得把圖形作去背景處理,或是轉存成去背的格式。這裡就針對一些常用到的功能做說明,以方便各位做後續的處理。

4-7-1 為選取區去背景

在選取圖形後,可以利用「圖層 / 新增 / 剪下的圖層」指令,將選取區變成獨立的一個圖層。

01

先以選取工具將圖形選取起來，再執行「圖層／新增／剪下的圖層」指令

02

1. 瞧！選取區變成獨立的圖層

2. 按此鈕可關閉背景圖層，只顯示已去背的花朵造型，而原選取區會以背景色填滿

4-7-2 儲存為 PDS 的去背格式

為了方便將來有可能再度編修影像，最好儲存為 *.psd 格式。請將原有的背景圖層拖曳到垃圾桶中，再執行「檔案／另存新檔」指令儲存去背格式即可。

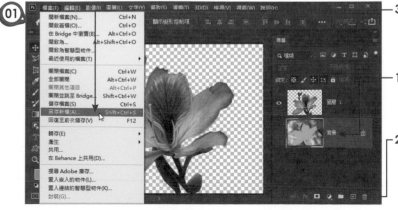

01

3. 執行「檔案／另存新檔」指令

1. 先點選「背景」圖層不放

2. 將背景圖層拖曳到垃圾桶中，使之刪除

按「儲存在您的電腦」鈕儲存至電腦

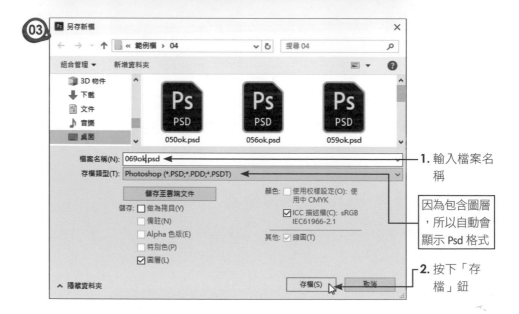

1. 輸入檔案名稱

因為包含圖層，所以自動會顯示 Psd 格式

2. 按下「存檔」鈕

4-7-3 轉存為 PNG 去背格式

Psd 的去背格式並非所有的軟體都可支援，因此可以考慮儲存為網頁常用的 PNG 格式。

延續前面的範例，執行「檔案 / 轉存 / 快速轉存為 PNG」指令

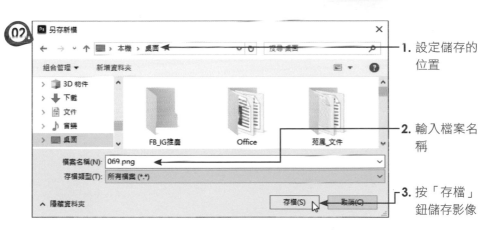

1. 設定儲存的位置

2. 輸入檔案名稱

3. 按「存檔」鈕儲存影像

超完美文字後製
與合成秘笈

Photoshop

美術設計時除了要有吸引人的影像與構圖外，文字也佔有舉足輕重的地位，如果文字處理不恰當，不但無法吸引觀賞者的目光，也無法有效的傳達訊息。因此我們要針對 Photoshop 的文字工具來好好做研究。

5-1 輕鬆建立文字圖層

Photoshop 的文字工具共有四個：水平文字工具 T.、垂直文字工具 IT.、水平文字遮色片工具 T.、垂直文字遮色片工具 IT.。透過這四種工具，各位可以做到以下幾種變化：

- 使用文字工具可輸入橫排或直排的標題或內文
- 透過遮色片工具可做出與底層影像相結合的特殊文字
- 利用字元面板可以調整文字格式，而段落面板可以做文章段落的調整

對於初學者來說，最常使用的還是「水平文字工具」與「垂直文字工具」，因為它會自動轉換成文字圖層，建立後要變換格式、修改尺寸、或替換文字都非常的容易，若再結合圖層的各項功能，文字效果就更豐富。至於「水平文字遮色片工具」與「垂直文字遮色片工具」所建立的文字將轉變成選取區，必須將選取區做儲存或載入，才能靈活運用。選用「水平文字工具」與「垂直文字工具」所建立的文字都算是文字圖層，透過此二工具可建立標題文字或段落文字，現在就來看看這兩種文字的建立方式。

5-1-1 建立標題文字

選取文字工具，至頁面上直接按下滑鼠左鍵，就可以輸入標題文字。它會自動建立一個文字圖層，並以 T 圖示表示。

此符號表示文字圖層

這是文字輸入點

5-1-2 建立段落文字

選取文字工具後，至頁面上按下左鍵並拖曳出文字框，將可控制段落的最大寬度，文字輸入到右側邊界時，會自動排列到下一行。

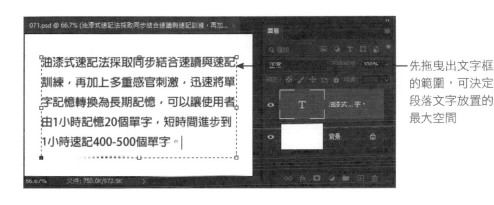

先拖曳出文字框的範圍，可決定段落文字放置的最大空間

5-2 文字屬性的設定

利用文字工具建立文字圖層後，接下來就是透過 Photoshop 所提供的面板來調整文字的屬性，好讓文字呈現所要的效果。此小節就來看看有哪些的屬性可讓文字展現不同的風貌。

5-2-1 更改字元格式

輸入的標題文字如果需要更換字型、大小、色彩、對齊方式，可直接透過選項做選擇；如果要設定文字樣式、間距、垂直縮放、水平縮放…等，則必須執行「視窗 / 字元」指令，開啟字元面板做調整。

🖌 選項設定

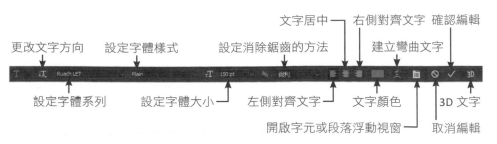

更改文字方向　　設定字體樣式　　　設定消除鋸齒的方法　　　建立彎曲文字

文字居中　　右側對齊文字　確認編輯

設定字體系列　　　設定字體大小　　左側對齊文字　　文字顏色　　3D 文字

開啟字元或段落浮動視窗　　　取消編輯

字元面板

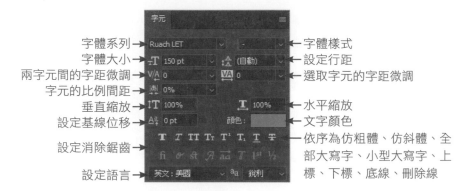

字體系列 → Ruach LET
字體大小 → 150 pt
兩字元間的字距微調 → V/A 0
字元的比例間距 → 0%
垂直縮放 → 100%
設定基線位移 → 0 pt
設定消除鋸齒 →
設定語言 →
字體樣式 ← (自動)
設定行距 ← VA 0
選取字元的字距微調 ← 100%
水平縮放 ← 文字顏色 ←
顏色：
依序為仿粗體、仿斜體、全部大寫字、小型大寫字、上標、下標、底線、刪除線
英文：美國 銳利

若要更改字元格式，必須先將要修改的文字選取起來，再從「選項」或「字元」面板中設定屬性，這樣才能執行更換的動作。另外也可以點選單一字元，做個別的文字格式設定。當文字編輯完畢，只要在選項右側按下 ✔ 鈕以確認目前的編輯，或是直接點選其它的工具，就可以離開編輯的模式。

5-2-2 調整文字間距 / 行距

要讓說明文字易於閱讀，文字的間距與行距可得要注意，太過擁擠的字距讀起來傷眼力，太過鬆散的字距則讀起來不順暢。另外，行距通常要比字距來的大些，否則要橫式閱讀或直式閱讀會讓人搞不清楚。如下圖所示，左下圖的行距與間距看起來相同，閱讀者容易會錯意，若以 VA 調整文字間距，以 🔠 加大行距，就不會有讀錯的時候了。

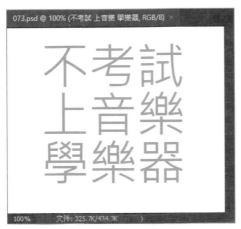

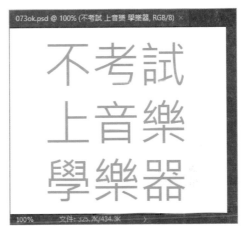

文字橫讀或直讀會讓人搞不清楚　　　　加大行距可以判讀直式或橫式

5-2-3 水平 / 垂直縮放文字

在預設的狀態下，文字都是顯示方正的效果，而利用「垂直縮放」 鈕和「水平縮放」 鈕將文字做些許的拉長或壓扁有助於文章段落的閱讀。

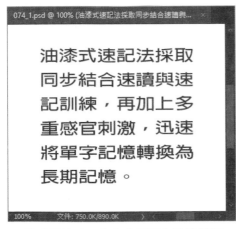

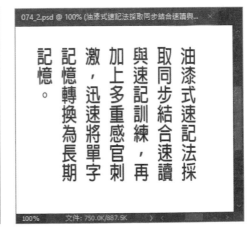

橫式閱讀時，將文字壓扁有助於閱讀　　　　直式閱讀可將文字拉長

5-2-4 轉換文字方向

不管輸入的文字為直式或橫式，如果想將現有的文字轉換書寫方向，只要在選項上按下「更改文字方向」 鈕，就能更換方向。

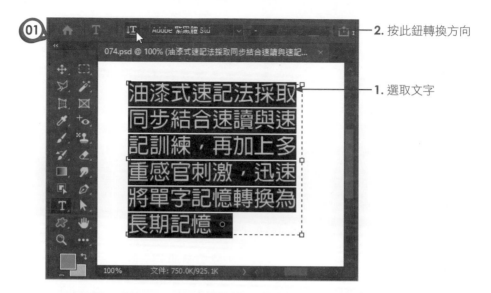

2. 按此鈕轉換方向

1. 選取文字

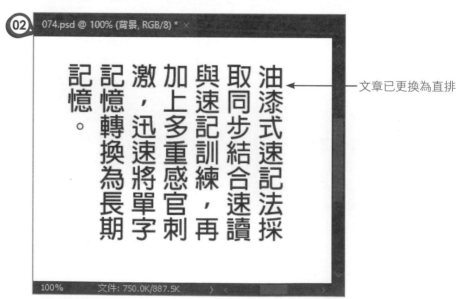

文章已更換為直排

5-2-5 設定段落格式

在頁面上建立了段落文字，若要設定段落格式，則必須執行「視窗 / 段落」指令，開啟「段落」面板來設定。

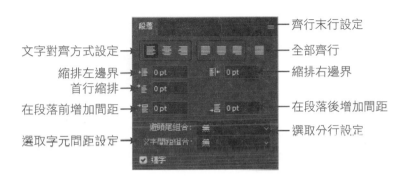

文字對齊方式設定 → 齊行末行設定
全部齊行
縮排左邊界 → 0 pt ── 0 pt ← 縮排右邊界
首行縮排 → 0 pt
在段落前增加間距 → 0 pt ── 0 pt ← 在段落後增加間距
避頭尾組合： 無 ── 選取分行設定
選取字元間距設定 → 文字間距組合： 無
☑ 連字

如果要讓段落分明，可以透過首行縮排功能，或是在段落的前後增加間距，都能讓內容更分明、更易閱讀。

5-2-6 建立文字彎曲變形

設計文字造型時，利用「建立彎曲文字」 鈕可設定各種樣式的彎曲文字，諸如：弧形、拱形、突出、波形效果、膨脹、擠壓、螺旋…等，都可以快速做到。

下拉可選擇各種彎曲形式

設定彎曲或扭曲的程度

5-3 設定段落樣式與字元樣式

Photoshop 可以和文書處理軟體一樣，利用段落樣式和字元樣式來編輯文字，透過這樣的功能，可加快多媒體設計或網頁設計中的文字處理。請由「視窗」功能表中執行「段落樣式」和「字元樣式」指令，就可以看到此二面板。

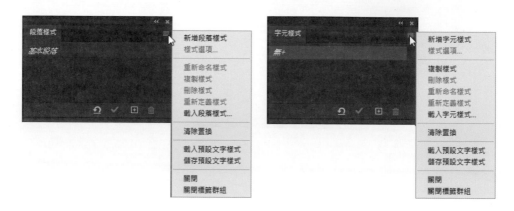

原則上，和內文與段落標題有關的樣式，就使用「新增段落樣式」來設定，而針對段落中特定的文字樣式，則使用「新增字元樣式」來處理。現在就以實例為各位示範增設段落或字元樣式的方式。

5-3-1 新增段落樣式

首先新增「內文」和「標題」的段落樣式。

1. 開啟要編輯的影像檔案

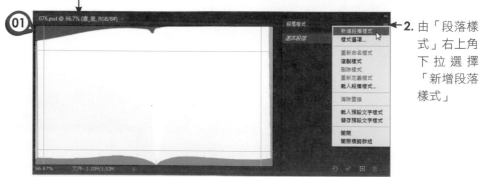

2. 由「段落樣式」右上角下拉選擇「新增段落樣式」

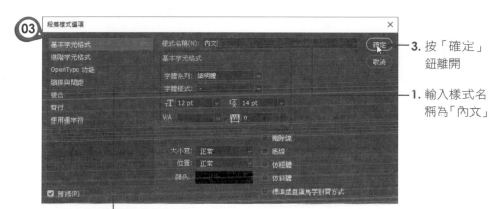

按滑鼠兩下於新增的「段落樣式 1」，使進入下圖視窗

3. 按「確定」鈕離開

1. 輸入樣式名稱為「內文」

2. 在「基本字元格式」中設定藍色的 12 級字體，行距為 14 的細明體

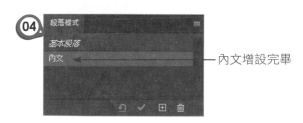

內文增設完畢

接下來請自行增設「標題」的段落樣式，設定內容如下所示：

1. 輸入「標題」

2. 設定「微軟正黑體」

3. 設定14 級，行距為「自動」

4. 紫紅色

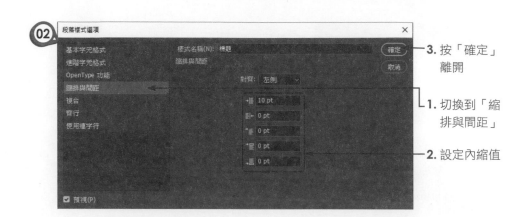

3. 按「確定」
   離開

1. 切換到「縮
   排與間距」

2. 設定內縮值

5-3-2 新增字元樣式

完成段落樣式後，接著來看看字元樣式的新增方式。

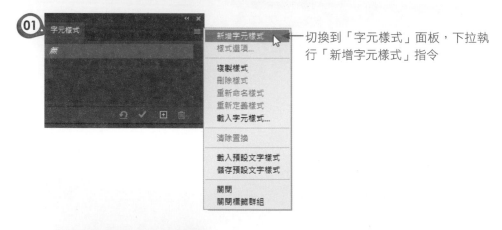

切換到「字元樣式」面板，下拉執
行「新增字元樣式」指令

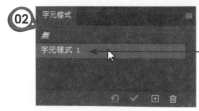

按滑鼠兩下於新增的「字元樣式 1」，
使進入下圖視窗

03

3. 按「確定」
   鈕離開

1. 輸入名稱

2. 設定字體樣
   式、色彩

04

2. 完成時，請切換回「無」，以免加入
   的文字會套用到此樣式

1. 顯示剛剛加入的字元樣式

5-3-3 套用樣式

當基本的樣式都設定好後，現在就準備來套用樣式。

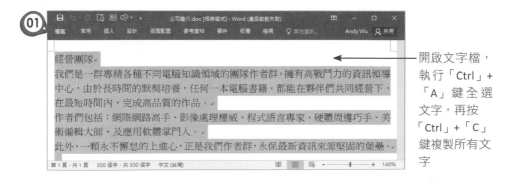

01

開啟文字檔，
執行「Ctrl」+
「A」鍵全選
文字，再按
「Ctrl」+「C」
鍵複製所有文
字

3. 拖曳出文字區域範圍後，樣式面板會出現「內文＋」

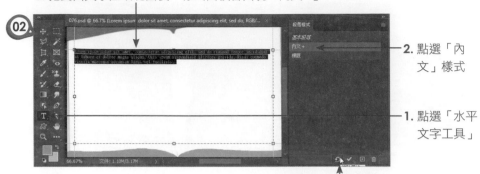

2. 點選「內文」樣式

1. 點選「水平文字工具」

4. 先按此鈕清除置換，「內文」樣式才不會顯示「＋」的符號

3. 按一下「標題」，就會套用「標題」樣式

2. 輸入點放在標題上

1.「Ctrl」＋「V」鍵貼入文字後，內文字就能顯示預先設定的字型樣式

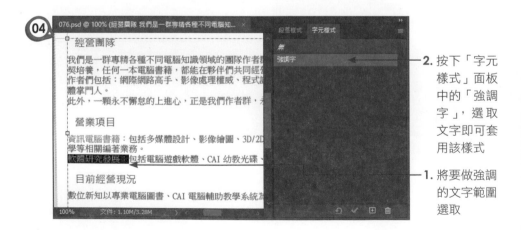

2. 按下「字元樣式」面板中的「強調字」，選取文字即可套用該樣式

1. 將要做強調的文字範圍選取

5-3-4 載入段落／字元樣式

　　如果其他 psd 檔已經有設定好的段落樣式或字元樣式，可以直接從面板右上角下拉選擇「載入段落樣式」或「載入字元樣式」指令，這樣就可以加快編輯的速度。

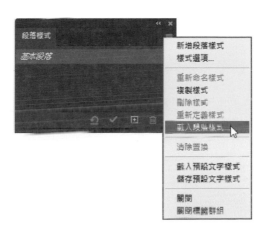

5-4　文字效果處理一次搞定

　　對於文字的處理，除了前面介紹的樣式與格式的設定外，Phototshop 還提供各種的文字樣式與效果，讓各位的標題文字能夠顯得出色獨眾。諸如：影像填滿文字、半透明文字、3D 文字、曲線中的文字…等，各位都可以在此節中學到。

5-4-1 套用「樣式」面板

　　在 Photoshop 裡，也有各種精美的文字樣式可以提供使用者套用。執行「視窗／樣式」指令開啟樣式面板，裡面提供基本、自然、毛皮、布料等類別可供挑選，只要選按縮圖使之套用，這樣就可以輕鬆地取得各種樣式的文字效果。

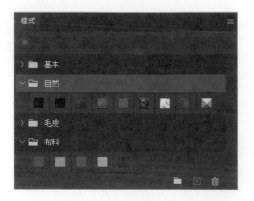

除了目前所看到的基本樣式外，按 ▤ 鈕下拉選擇「舊版樣式和更多」的指令，就可以將 2019 樣式和所有舊版預設樣式通通加進來。如圖示：

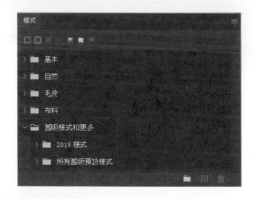

接下來試著為文字加入「樣式」面板中的樣式，讓文字產生朦朧的雲霧效果。

1. 開啟檔案

2. 點選文字圖層

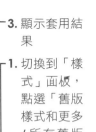

3. 顯示套用結果

1. 切換到「樣式」面板，點選「舊版樣式和更多/所有舊版預設樣式/文字效果」的類別

2. 按一下此縮圖樣式，就可輕鬆套用

5-4-2 套用「圖層樣式」

設計標題文字時，「圖層」功能表中的「圖層樣式」是很好用的一項功能，因為不管要製作陰影、內陰影、內光暈、外光暈、斜角、浮雕、筆畫、漸層…等效果，只要修改相關的選項設定，結果馬上呈現在面前。由於它省去許多繁複的過程，而且效果好又快，因此不可不學。其操作視窗如下：

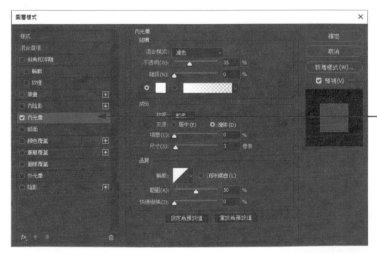

勾選表示套用該效果，點選該項可設定相關屬性

文字圖層可以同時套用多種圖層樣式，所以勾選某種樣式後，請切換到該樣式上，每個樣式都有不同的屬性及選項設定，試著調整各項數值，就可以馬上產生不同的效果。如下範例，平淡無奇的單色文字，透過「圖層樣式」功能，就可以輕鬆變化出多種的效果。

範例：**078.psd**

5-4-3 文字放至路徑

所設計的文字也可以讓它順著路徑行走喔，只要先指定路徑，再選用文字工具，將滑鼠指標移到路徑上，就能順著路徑輸入文字。

01

2. 選項上選擇「路徑」

1. 選擇「筆型工具」

3. 在頁面上繪製一路徑

02

2. 選項上設定字體顏色、大小、及對齊方式

1. 改選「水平文字工具」

4. 在路徑上按下滑鼠左鍵

3. 由此可設定文字顏色

03

完成文字輸入時，切換到其他圖層，即可完成設定

如果需要修改路徑的弧度或位置，只要使用「直接選取工具」 ▶ 做調整就行了。當然囉！若想在矩形、圓形、或多邊形的圖形外加入文字，只要選定相關的圖案工具繪製路徑，也可以加入如下圖的封閉造形。

5-4-4 影像填滿文字

在處理標題字時，除了選擇以顏色填滿文字外，也可以將指定的影像填入文字之中。只要將選定的影像拖曳到文字圖層的上方，再執行「圖層 / 建立剪裁遮色片」指令就一切搞定。

先輸入一組文字

在文字圖層上方貼入影像，使影像覆蓋在文字上

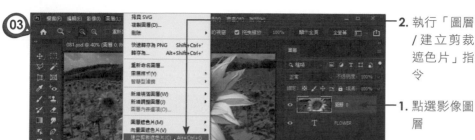

03

2. 執行「圖層 / 建立剪裁 遮色片」指 令

1. 點選影像圖 層

04

1. 瞧！影像已 跑到文字之 中

2. 使用「移動工具」拖曳影像，還可以調整影像的位置

5-4-5 半透明文字

　　想將文字溶於圖像之中，並產生一種半透明的文字效果，只要使用「文字遮色片工具」，搭配「影像 / 調整」或「圖層 / 新增調整圖層」功能，也能輕鬆做出來。

01

1. 開啟影像檔

2. 選用「垂直文字遮色片工具」

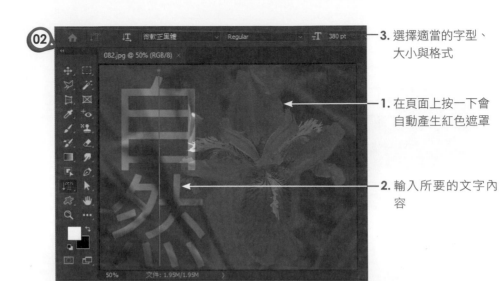

3. 選擇適當的字型、大小與格式

1. 在頁面上按一下會自動產生紅色遮罩

2. 輸入所要的文字內容

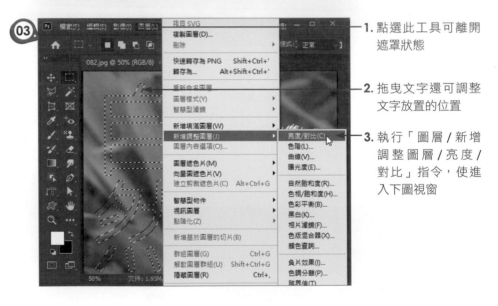

1. 點選此工具可離開遮罩狀態

2. 拖曳文字還可調整文字放置的位置

3. 執行「圖層 / 新增調整圖層 / 亮度 / 對比」指令，使進入下圖視窗

1. 輸入名稱

2. 按「確定」鈕離開

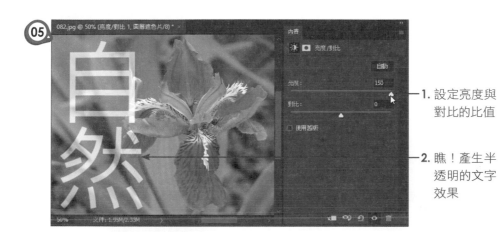

1. 設定亮度與對比的比值

2. 瞧！產生半透明的文字效果

5-4-6 3D 文字

Photoshop 也可以加入 3D 的創作和編輯，所以要將文字轉變成 3D 也是輕而易舉的事，只要執行「文字 / 建立 3D 文字」指令，即可在視窗中旋轉文字的角度。

1. 開啟檔案

2. 點選文字圖層

3. 執行「文字 / 建立 3D 文字」指令

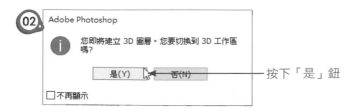

按下「是」鈕

以滑鼠在此拖曳，即可改變文字的視角

設定完成時，點選其他圖層，即可離開 3D 編輯狀態

如果要再次修改 3D 方面的相關屬性，諸如：相機角度、燈光位置…等，只要在文字圖層上按滑鼠兩下，即可再次進入 3D 編輯狀態。

5-4-7 點陣化文字圖層

建立文字圖層後，各位隨時可在文字圖層上按滑鼠兩下，然後進入文字的編輯狀態進行修改編輯。萬一其他電腦開啟檔案時，發現電腦中沒有安裝該字形，Photoshop 會出現如下的警告視窗來提醒各位。通常檔案到了完成階段，如果打算送到印刷廠印刷，那麼可以考慮將文字圖層點陣化，如此一來該圖層會變成一般的圖層，即使他人電腦沒有該字形，也可以順利呈現所設計文字效果。要將文字圖層點陣化，只要執行「圖層 / 點陣化 / 圖層」指令就行了。

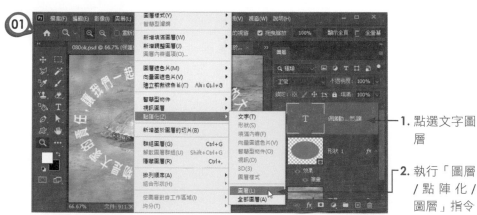

1. 點選文字圖層

2. 執行「圖層 / 點陣化 / 圖層」指令

瞧！文字圖層已經轉為一般圖層了

要注意的是，一旦文字圖層轉為點陣化後，就無法重新編修文字圖層的屬性。

MEMO

掌握圖層編修
基本心法

Photoshop

　　「圖層」在 Photoshop 中的功用，就是將每個影像畫面以獨立的圖層放置，每個新影像一開始都只有一個圖層，而且每個圖層可隨時編修而不會互相干擾，各位也可以在影像中增加的其他圖層、圖層效果和圖層組合的數目，只要有圖層你就能單獨合併圖像、文字、或其他的創意形狀與風格，當影像有多個圖層時，對影像進行編輯只會影響到正在作用中圖層，我們可以針對每個圖層進行不同的操作、編輯及合成，組合出各式各樣的效果。因為每一件吸睛設計作品都好比是使用圖層一層一層累積起來的，運作方式就好像是將一張張美不勝收的透明圖片堆疊在一起，而整體組合起來又是完整的畫面，因此學習影像合成，圖層觀念不可不知。

6-1　速學圖層編輯

　　圖層是 Photoshop 的基礎，只要能夠善用圖層的功能，能讓你在使用 Photoshop 創作設計時非常方便，這一小節先針對影像圖層作說明，讓各位對於圖層有個基本的認識，請執行「視窗 / 圖層」指令先將「圖層」面板開啟。

6-1-1　背景圖層

　　通常開啟的數位影像，圖層面板只會顯示「背景」圖層，由於是基底影像，因此通常是鎖定的狀態，無法隨便移動。如圖示：

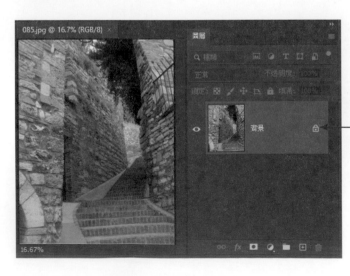

基底影像有
鎖的圖示，
表示此圖層
無法移動

如果想要將「背景」圖層更改為一般圖層，可以按滑鼠兩下於縮圖，於「新增圖層」的視窗中按下「確定」鈕，這樣背景圖層就會變更為一般圖層。

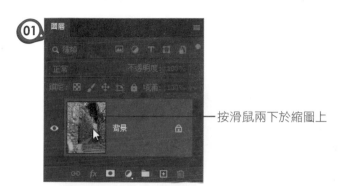
—— 按滑鼠兩下於縮圖上

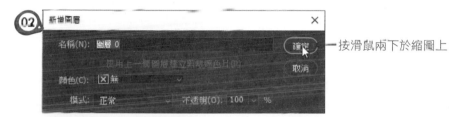
—— 按滑鼠兩下於縮圖上

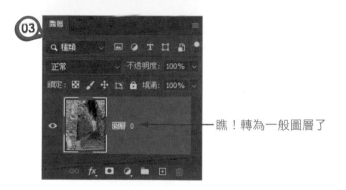
—— 瞧！轉為一般圖層了

6-1-2 建立圖層

當各位使用文字工具建立文字圖層，或是使用複製、貼上指令將影像貼入，通常會自動建立新圖層於「背景」圖層之上。如果直接按下面板下的「建立新圖層」⊞鈕，可新增一個完全透明的圖層。

文字圖層會
顯示 T 符號

拷貝進來的
影像，其影
像外會呈現
透明

按此鈕可新
增透明圖層

6-1-3　圖層面板

　　由於在剪貼影像或加入文字時，它都會自動形成一個獨立的圖層，因此面
板各按鈕所代表的意義可得先了解一下。

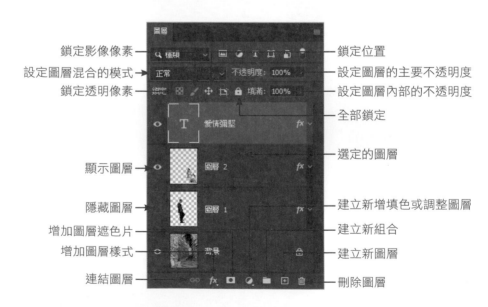

鎖定影像像素 ── 鎖定位置

設定圖層混合的模式 ── 設定圖層的主要不透明度

鎖定透明像素 ── 設定圖層內部的不透明度

全部鎖定

選定的圖層

顯示圖層

隱藏圖層 ── 建立新增填色或調整圖層

增加圖層遮色片 ── 建立新組合

增加圖層樣式 ── 建立新圖層

連結圖層 ── 刪除圖層

　　各位不要被這麼多的按鈕所代表的意義給嚇著了，在這兒只要先記住如下
兩點，其餘的按鈕功能或作用，會在後面一一解說到。

- ■ 表示看得到該圖層，再按一下滑鼠左鍵使關閉 ◎ 圖示，就會隱藏該圖層

- ■ 點選要編輯的圖層，表示所執行的功能將會作用於此圖層上

另外在「圖層」面板頂端還有濾鏡選項可協助各位在複雜的文件中迅速找到關鍵圖層。您可以依據名稱、種類、效果、模式、屬性…等標籤來顯示圖層，可加快速度特定圖層的搜尋。

—由此選擇後，後方會依選定的項目顯示不同的副選項

6-1-4 新增 / 剪下圖層

拍攝的數位影像如果要將影像背景去除，只要選取工具選取範圍後，利用「圖層 / 新增 / 剪下的圖層」指令，該選取區就會被剪下並成為獨立的圖層，屆時多餘的背景圖層就可以將它丟到垃圾桶中加以刪除。

01

1. 使用各種選取工具選取男主角

2. 執行「圖層 / 新增 / 剪下的圖層」指令

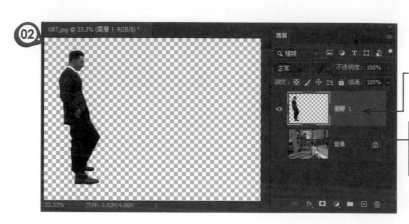

選取區已變成
獨立的圖層

關閉背景圖層
，即可看到剪
裁的結果

6-1-5　調整圖層順序

　　圖層面板中的圖層都存放有不同的物件，通常上面的圖層會壓住下面的圖層，使得部分影像會被隱藏起來。如果想要調動圖層的先後順序，直接按住圖層拖曳到想放置的位置上再放開滑鼠，這樣就可以更換它們的順序。

拖曳此圖層，
並移到鳥的
下方，如此一
來，圖層順序
就會改變

瞧！鳥和雕像
的前後位置改
變了

6-1-6　更改圖層名稱

　　當各位將選取影像貼入後，每個圖層會自動以「圖層 1」、「圖層 2」…的順序依序命名，如果圖層很多且容易搞混時，不妨為各個圖層加以命名，取個容易記的名字，以方便尋找。只要按滑鼠兩下在其名稱上，即可輸入新的圖層名稱。

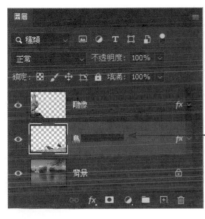
—— 按滑鼠兩下，就可輸入名稱

6-1-7　複製圖層

　　圖層中的影像如果需要重複應用，通常將選定的圖層直接拖曳到「建立新圖層」 ⊞ 鈕中，或是執行「圖層 / 複製圖層」指令，就可以完成複製的動作。

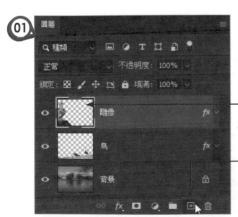
—— 1. 點選此圖層

—— 2. 將它拖曳到下方的按鈕中

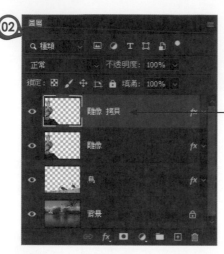

 深入研究 圖層的對齊與均分

如果有多個圖層物件需要做對齊或均分的處理,可以透過「圖層 / 對齊」或「圖層 / 均分」指令,再從副選項中選擇適合的對齊或均分方式。

6-1-8 連結圖層

畫面中的圖層如果是相關聯的,希望它們能夠同時被作用,諸如:移動、縮放、合併、群組…等,可先將圖層選取起來,然後按下 🔗 鈕,這樣就可以造成連結的關係。

6-1-9 群組圖層

有時候圖層中的物件很多，為了方便管理，可以將它們分門別類，以「圖層 / 群組圖層」指令即可加入資料夾，並自動將相關圖層放置在一起。

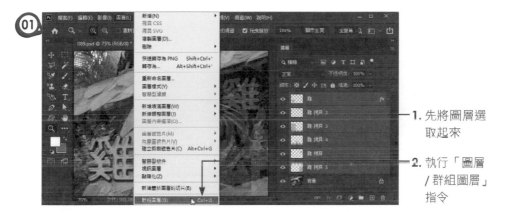

1. 先將圖層選取起來

2. 執行「圖層 / 群組圖層」指令

圖層自動跑進「群組 1」資料夾中

6-1-10 平面化所有圖層

在編輯影像的過程中，我們不斷地增加圖層的數目，事實上有些圖層內容如果能夠放置在同一層中，不但可以增加編輯的速度，尋找圖層也比較方便。想要將圖層合併，可以利用如下幾種方式來達到不同程度的合併：

合併可見圖層

將看得見的圖層合併在一起，被隱藏的圖層則不會被合併。

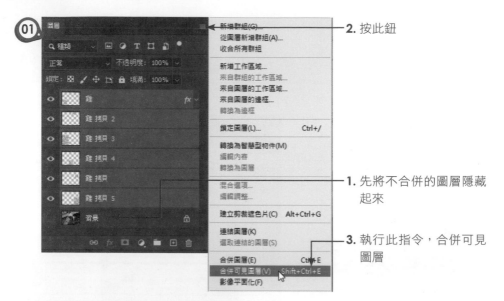

2. 按此鈕

1. 先將不合併的圖層隱藏起來

3. 執行此指令,合併可見圖層

可見圖層已合併在一起

合併圖層

將所有被選取到的圖層合併成一個圖層。

影像平面化

不管是否包含隱藏圖層或連結的圖層,全部合併成背景圖層。

 深入研究 拷貝 CSS

為了方便網頁設計師將所設定的顏色轉變成 CSS 語法,在「圖層」面板中提供了「拷貝 CSS」的指令,只要點選圖層後,由「圖層」面板右側點選「拷貝 CSS」指令就可以複製 CSS 語法,再到網頁編輯器上執行「Ctrl」+「V」鍵貼入就行了。

01 2. 由右上角執行「拷貝CSS」指令

1. 點選此圖層

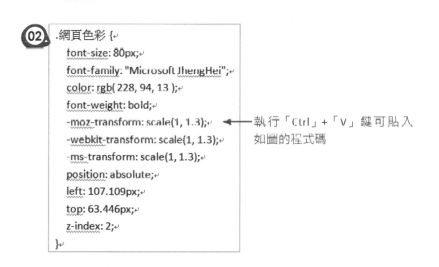

02
```
.網頁色彩 {
    font-size: 80px;
    font-family: "Microsoft JhengHei";
    color: rgb( 228, 94, 13 );
    font-weight: bold;
    -moz-transform: scale(1, 1.3);
    -webkit-transform: scale(1, 1.3);
    -ms-transform: scale(1, 1.3);
    position: absolute;
    left: 107.109px;
    top: 63.446px;
    z-index: 2;
}
```

執行「Ctrl」+「V」鍵可貼入如圖的程式碼

6-2 圖層樣式

「圖層樣式」是 Photoshop 令人激賞的功能之一，透過這項功能可讓使用者輕鬆就做到陰影、光暈、浮雕、覆蓋、筆畫…等效果，讓原本需要經過多道手續才能完成的畫面，只要用滑鼠勾選及調整滑動鈕就能輕易做到。這一小節就針對圖層樣式的使用技巧和各位做探討。

6-2-1 編輯圖層樣式

要使用「圖層樣式」的功能，可直接在圖層浮動視窗下方按下 *fx* 鈕，或是執行「圖層 / 圖層樣式」指令，就可以從副選項中選擇想要運用的樣式了。

按此鈕選擇圖層樣式

不管選擇哪個選項樣式，將會進入下圖的視窗。

打勾表示有選用此種樣式

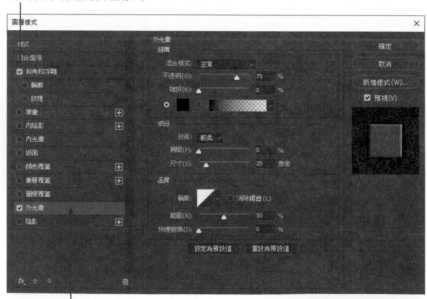

選取表示目前可設定該樣式

　　在同一圖層中可以同時套用多種樣式，只要將它打勾，然後點選該選項，就可以在右側設定相關屬性，而其最大好處是可以馬上從視窗後面預覽樣式效果，方便使用者隨時調整屬性，不喜歡的樣式只要將它取消勾選就行了。如下方所顯示的，就是各種樣式所提供的樣式效果：

斜角和浮雕

筆畫

內陰影

內光暈

緞面

顏色覆蓋

漸層覆蓋

圖樣覆蓋

外光暈

陰影

6-2-2 圖層混合選項設定

在設定圖層樣式時，其視窗最上方還有「混合選項：預設」，這兒提供一些混合模式的設定。

這裡的作用，與圖層浮動面板上的混合模式完全相同

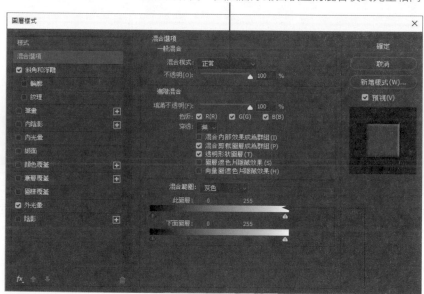

設定圖層混合的範圍

下方的「混合範圍」設定，能讓各位在不影響影像內容的情況下來改變影像效果。

　　如圖的兩張影像，只要將「此圖層」左側的黑色三角形鈕往右移，黑色的像素就會變透明而形成如下左圖的效果。反之，調整下面圖層的黑色三角形，下層的黑色就會顯露出來，而形成不同的風貌。

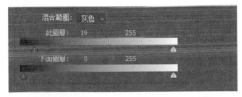
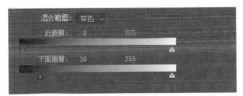

6-2-3 圖層樣式的隱藏與顯現

　　當各位有設定任何的圖層樣式，圖層面板就會自動顯示 *fx* ∧ 的圖示，表示該圖層已加入圖層樣式，而從旁邊的三角形鈕可以控制效果選單的顯示或隱藏。

按下三角形鈕可看到所加入的圖層樣式，按滑鼠兩下於圖示，可進入「圖層樣式」編輯視窗

隱藏圖層樣式

6-2-4 編修圖層樣式

當圖層樣式建立之後,「圖層 / 圖層樣式」的副選項中還提供如下幾個指令讓各位編修圖層樣式。

拷貝圖層樣式

將選定的圖層樣式拷貝至剪貼簿中,等待貼入至其他圖層。

貼上圖層樣式

將拷貝的圖層樣式複製到目前的圖層中。

清除圖層樣式

將目前圖層中的圖層樣式加以去除。

整體光源

可以重新調整所有圖層的整體光源,以改變光線的角度與高度。

建立圖層

將圖層樣式中的屬性打散成一般的圖層。

原有的圖層

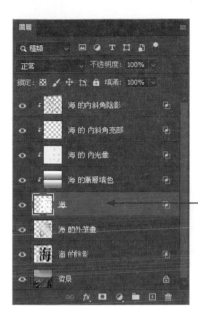

執行「圖層 / 圖層樣式 / 建立圖層」後，
所顯示的個別圖層

🖋 隱藏全部效果

將圖層所設定的樣式，全部隱藏起來。

🖋 縮放效果

將目前已經有的圖層樣式做放大或縮小的
設定。

6-3 範例實作 – 以圖層樣式功能強化美食菜單

這個範例已將相關的美食圖片、標題文字及菜單編排完成，請再利用「圖層樣式」功能來強化菜單的效果。對於相同效果的圖層樣式，可以透過「拷貝圖層樣式」及「貼上圖層樣式」指令來快速複製圖片或文字效果。

完成畫面

來源檔案

步驟說明

　　首先來設定「美」字的樣式效果，設定完成後再將圖層樣拷貝 / 貼入「食菜單」的圖層中。

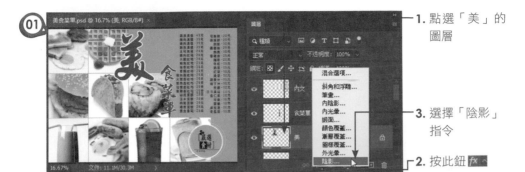

1. 點選「美」的圖層

3. 選擇「陰影」指令

2. 按此鈕 *fx*

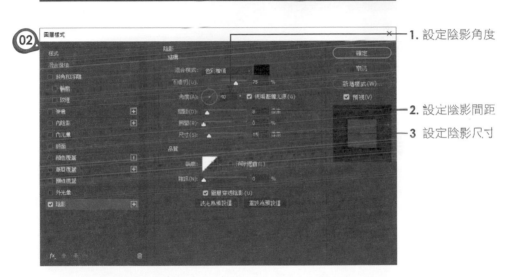

1. 設定陰影角度

2. 設定陰影間距

3 設定陰影尺寸

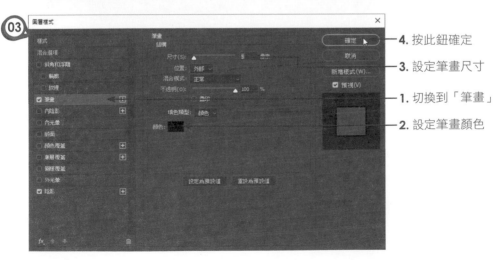

4. 按此鈕確定

3. 設定筆畫尺寸

1. 切換到「筆畫」

2. 設定筆畫顏色

1. 點選「美」圖層

2. 執行「圖層/圖層樣式/拷貝圖層樣式」指令

1. 點選「食菜單」圖層

2. 執行「圖層/圖層樣式/貼上圖層樣式」指令

顯示加入陰影與筆畫效果的標題文字

接下來繼續為「嚴選食材」的圓形標誌加入外光暈的效果，使標誌顯得更亮眼吸引人。

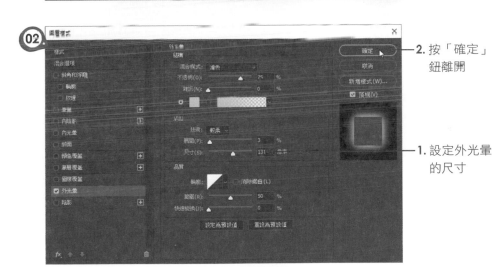

1. 點選「標誌」圖層

3. 選擇「外光暈」

2. 按下「增加圖層樣式」

2. 按「確定」鈕離開

1. 設定外光暈的尺寸

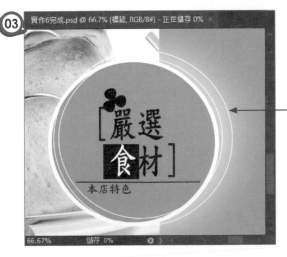

完成標誌的外光暈設定

MEMO

徹底研究圖層
應用技巧

Photoshop

為了讓各位能夠更有效率地使用 Photoshop，我們還需要針對圖層來進行深入的了解，除了上一章所介紹的圖層樣式外，還有圖層混合模式、新增填滿圖層、新增調整圖層、增加圖層遮色片等功能，讓圖層產生更多的變化效果，充分理解圖層的最佳運用方法就變得很重要，這一節就要來探討這些功能的應用技巧。

7-1　圖層混合模式

圖層混合模式位在「圖層」面板的最上方，它包含了二十多種的變化，主要作用是讓作用的圖層與其下方的影像產生混合的效果。由於所產生的結果往往驚人，因此善用這些模式可以讓編輯的影像或圖案更出色。

對於剛接觸混合模式的人，往往要不斷的測試，才能找到最好的混合模式，因此在這兒大略說明各項模式的特性：

由此下拉選擇圖層的混合模式

7-1-1　正常

此為預設的混合模式，表示該圖層中的影像以正常狀態顯示。但可以配合「不透明」值的設定，來造成影像透明的效果。

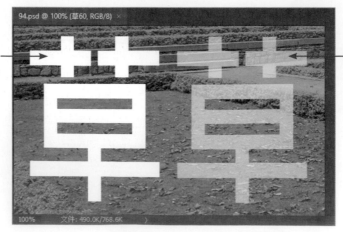

正常
不透明：100

正常
不透明：60

7-1-2 溶解

　　當圖層有做羽化的效果時，選用「溶解」模式會造成顆粒效果，如果將「不透明」值降低，可造成雪花片片的效果。

原影像顯示效果

採用「溶解」模式，配合不透明度設定，會形成小點顆粒

徹底研究圖層應用技巧

7-1-3 變暗、色彩增值、加深顏色、線性加深、顏色變暗

這五種模式主要讓較暗的色彩變得更暗，較亮的色彩則會被忽略，而顯現背景層的影像。

正常模式　　　　加入變暗模式，顏色變深，亮色則不明顯

利用這種特性，很多黑白線稿的插畫圖案就容易製作了，因為當您將黑白線稿掃描至 Photoshop 後，只要將模式更換為「變暗」、「色彩增值」或「線性加深」等模式，就可以直接在背景層上彩，而線稿中的白色則不會顯示出來。

將黑白線稿更換為「色彩增值」，不須做去背的處理，背景層中的手繪圖形就可以顯示出來

7-1-4　變亮、濾色、加亮顏色、線性加亮、顏色變亮

　　這五種模式主要對亮部地方有作用，對於夜景中的霓虹燈光或投射光芒等，可以快速取得它的效果。

　　如上圖的兩張影像，當各位將夜景中的噴水池套上「變亮」的模式，五彩繽紛的水柱馬上就可以應用到雕像中，而不用作任何去背的處理。

兩張圖層混合變亮的效果

7-1-5 覆蓋與柔光

　　此二模式可以將兩個圖層以較均勻的方式混在一起，因此為多數人所愛用的模式之一。

　　如上圖的兩張影像，在使用「覆蓋」的混合模式後，仍然可以清楚的辨識兩張的形體。

使用「覆蓋」混合模式的結果

7-1-6　實光與小光源

　　「實光」的效果較「覆蓋」的效果反差大些，但如果同樣的兩張影像，您將背景層與上層的影像顛倒過來，就可以發現「實光」與「覆蓋」所呈現的效果是相同的。至於「小光源」的效果則與實光的效果相當雷同。

兩張影像的位置對換，實光與覆蓋所呈現的結果相同

實光效果的明暗反差較大

7-1-7 強烈光源與線性光源

這兩種模式都有強烈加亮或加暗的作用，而強烈光源的效果又更為明顯。

7-1-8 差異化與排除

　　這兩種模式所產生的畫面效果是較難以捉摸的，因為影像除了具有類似負片的效果外，兩個圖層混合之後的色彩也會產生變化互補的效果。二者比較起來，「差異性」的顏色較絢麗，而「排除」的色調就比較暗濁些。

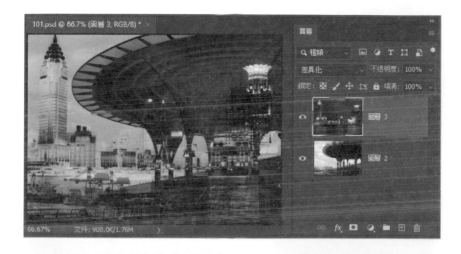

徹底研究圖層應用技巧

7-1-9 實色疊印混合

「實色疊印混合」能做出像色調分離的效果，藉由底層影像的反差而在暗部顯示疊印的色彩。

7-1-10 色相與顏色

此二模式主要在顯現顏色而忽略彩度與明度。就效果做比較，通常「顏色」混合後的色彩比「色相」所混合的色彩來的明亮些。

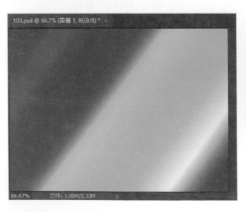 

選擇「色相」混合模式只會顯示顏色，而會忽略彩度與明度

「顏色」混合的效果較明亮

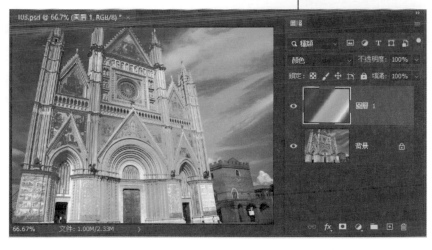

7-1-11 飽和度

飽和度與彩度有極大的關連，當混色圖層的彩度較高時，混色後就越鮮明。如下面的影像，在加上紫羅蘭、橘二色的漸層後，樹林色彩就顯得耀眼奪目了。

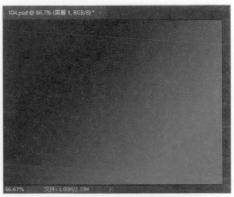

7-1-12 明度

「明度」著重在明度的混合，它會將所在圖層的影像轉換成灰階效果，而下方的影像則是混入色相。

7-2　新增填滿圖層的魔幻魅力

「新增填滿圖層」是 Photoshop 的相當好用功能之一，因為在做純色、漸層色、或圖樣的填滿時，它會自動變成一個獨立的圖層，而且還可以將指定的區域轉變成剪裁遮色片，所以填色時並不會動到原來的影像，修改畫面也變得很容易。

7-2-1　認識新增填滿圖層

當各位執行「圖層 / 新增填滿圖層」指令時，可以由副選項裡選擇「純色」、「漸層」、「圖樣」三種填滿效果；不管選擇何者，都會先看到「新增圖層」的視窗。

有事先選取範圍，可勾選此項，使建立遮色片範圍

這裡會依據選擇純色、漸層、或圖樣而自動顯示名稱類別

設定圖層縮圖色彩，以方便圖層類別的辨別

這裡可事先設定影像混合模式，也可以在完成後由圖層面板上方做設定

在按下「確定」鈕後，就會依照所選定的填滿效果進入相關視窗做設定。

先以選取工具選取要加入漸層效果的區域，再執行「圖層 / 新增填滿圖層 / 漸層」指令

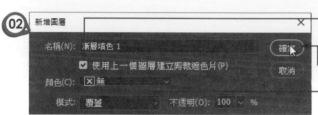

1. 勾選「使用上一個圖層建立剪裁遮色片」選項

3. 按下「確定」鈕

2. 將模式更換為「覆蓋」

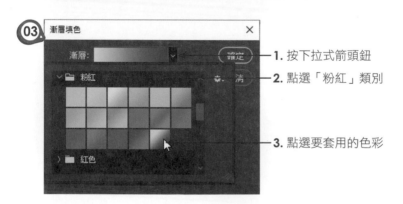

1. 按下拉式箭頭鈕

2. 點選「粉紅」類別

3. 點選要套用的色彩

2. 按「確定」鈕離開

1. 設定角度如圖

05

顯示只有凱旋門加入漸層效果

7-2-2　編輯填滿圖層

加入填滿圖層的效果後，如果還想調整漸層色彩，按滑鼠兩下於■縮圖上，就能回到「漸層填色」的視窗中做修改。另外，按滑鼠右鍵於圖層上的遮色片，還可以關閉、啟動、或刪除圖層遮色片。

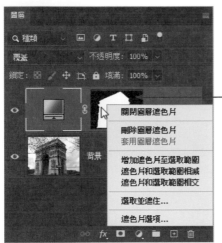

按滑鼠右鍵於圖層上的遮色片，所顯示的功能指令

徹底研究圖層應用技巧

關閉圖層遮色片

暫時關閉遮色片的功能，並顯示紅色的大 X 於遮色片上。

啟動圖層遮色片

將上圖中的紅色大 X 取消，使開啟圖層遮色片功能。

刪除圖層遮色片

刪除圖層遮色片，色彩或漸層將填滿整個畫面，而圖層將顯示如下。

背景也加入填滿的效果

7-3 玩轉圖層遮色片

「遮色片」是從事電腦繪圖設計時不可不學的一項技巧，可以利用遮蓋的方法將數張圖片合成編輯為一張圖片，因為它可以將影像中不想保留的地區遮蓋起來，這樣影像就不會被破壞，需要修改畫面時也會變得比較簡單。簡單來說，遮色片允許您以非破壞性的方式顯示和隱藏任何圖層的部分，這一小節就針對圖層遮色片的使用技巧跟各位做說明。

7-3-1 增加圖層遮色片

現在先來學習如何在一般情況下建立遮罩色片。

2. 使用選取工具選取汽車的車體

1. 點選汽車的圖層

3. 在面板下方按下「增加圖層遮色片」按鈕

汽車的遮色片已被建立，背景部分已被遮蓋起來

徹底研究圖層應用技巧

　　以這樣的方式就能輕鬆地將很多張影像接合在一起，卻不會動到畫面的完整性。要注意的是，背景層通常是呈現鎖定的狀態，因此要對背景影像建立遮色片，必須先將背景層改為一般圖層之後，才能使用遮色片功能。

7-3-2 影像合成的巧門

　　圖層遮色片建立之後，如果希望影像能夠淡入至底層影像，還可以再使用「漸層工具」將漸層變化加入至遮色片中。

1. 按右鍵於遮色片上

2. 執行「增加遮色片至選取範圍」指令使選取影像

3. 將漸層設為線性、黑至白的效果

1. 按一下遮色片縮圖，使進入遮罩模式

4. 由影像外往陰影處作漸層

2. 點選「漸層工具」

03

瞧！汽車陰影不會一片
死黑了

使用遮色片的好處是，利用遮罩把不想顯現的地方遮蓋起來，因此原影像都可以保持完好如初。如果不太會用遮色片，也可以利用「橡皮擦工具」將不要的地方擦掉，或將不想顯現的地方先圈選起來，再按「Delete」鍵將它刪除，只是後兩種方式會破壞影像的完整性。

7-4　圖層調整實例講座

針對圖層的影像調整，各位可以針對亮度／對比、色階、曲線、曝光度、飽和度…等進行色相、明度、彩度等的調整。它的作用和「影像／調整」功能相同，所不同的是，「影像／調整」所作的色彩調整則無法重新修正，而「圖層／新增調整圖層」功能它會自動形成一個圖層，此圖層可與它的上一個圖層建立遮罩關係，同時所作調整可以隨時回去修改而不會影響到原有的畫面。因此，善用「新增調整圖層」可以讓美術設計工作更有發揮的空間。這一小節就針對「新增調整圖層」的使用作說明。

7-4-1　新增調整圖層

在下面的範例中，我們將利用「圖層／新增調整圖層」功能，來對畫面裡的天空作色相／飽和度的調整。設定方式如下：

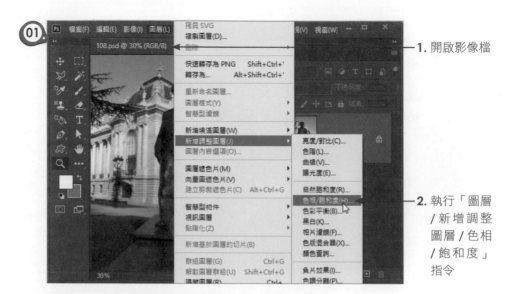

01

1. 開啟影像檔

2. 執行「圖層
/ 新增調整
圖層 / 色相
/ 飽和度」
指令

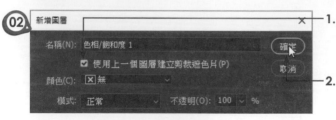

02

1. 勾選「使用上一個圖層建
立剪裁遮色片」指令

2. 按下「確定」鈕離開

03

更改主檔案的色相

顯示在不影響原影像的
情況下，以獨立的圖層
調整色彩

7-4-2 修改調整圖層

當調整圖層建立之後，如果不滿意調整的色調，按滑鼠兩下於其縮圖上，可以重新進入視窗調整影像。

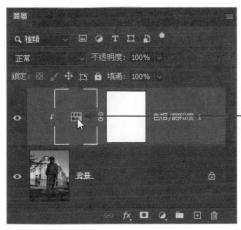

按滑鼠兩下於縮圖上，
即可顯示原編輯視窗

另外，在調整圖層中也可以再加入圖層遮色片，只要按右鍵於圖層的遮色片上，執行「增加圖層遮色片到選取範圍」指令，就能編輯遮色片的變化。

1. 按右鍵於遮罩

2. 執行「增加圖層遮色片到選取範圍」指令

3. 瞧！調整前與調整後的影像色彩已結合在一起

1. 點選遮罩的縮圖

2. 選用「漸層工具」，設定為黑至白的漸層，至頁面上拖曳出漸層方向

7-5　範例實作－海報設計不求人

這個範例主要練習「圖層樣式」、「圖層遮色片」、「填色或調整圖層」等功能的整合運用。利用兩張圖片來整合出如圖的海報效果。

完成畫面

來源檔案

步驟說明

　　首先將「圖 2.jpg」的百葉窗影像複製到「圖 1.jpg」圖檔中,再利用「增加圖層遮色片」功能來融合兩張影像。

01

2. 執行「編輯 / 拷貝」
   指令

1. 開啟「圖 2.jpg」的
   百葉窗影像,並全
   選整張影像

02

1. 切換到「圖
   1.jpg」圖檔
   上

2. 執行「編輯
   / 貼上」指
   令,使形成
   獨立的圖層

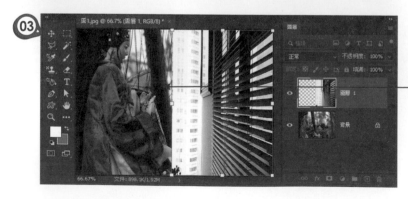

03

執行「編輯 /
變形 / 縮放」
指令,將百葉
窗縮放成如圖
的比例大小

3. 設定如圖的
漸層方式

4. 由中間向右
側做出如圖
的漸層效果

1. 按此鈕使新
增圖層遮色
片

2. 點選「漸層工具」

按下來要針對背景影像的巾袋戲做色相／飽和度的調整，再利用圖層遮色片功能，使上下兩層的色調能漸變地顯現出來，以便豐富海報的色彩。

3. 選擇「色相
／飽和度」
指令

1. 點選「背景」
圖層

2. 按下「建立
新填色或調
整圖層」

由此調整色相
，使顯現如圖
的色調

03

2. 點選「漸層工具」

3. 由中間向下做漸層效果

1. 按此鈕使新增圖層遮色片

04

2. 由此設定為「明度」，如此一來影像的融合效果更佳

1. 再點選百葉窗的縮圖

底圖設定完成後，最後利用「垂直文字工具」輸入標題字，再利用「圖層樣式」功能讓標題字更明顯，輸入相關資訊，即可完成海報的設計。

01

3. 由選項上設定字體、大小與顏色

2. 在頁面上輸入「掌中戲」等字

1. 點選「垂直文字工具」

02

2. 選擇「筆畫」

1. 按下「增加圖層樣式」鈕

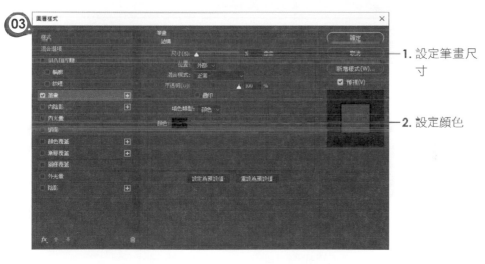

03

1. 設定筆畫尺寸

2. 設定顏色

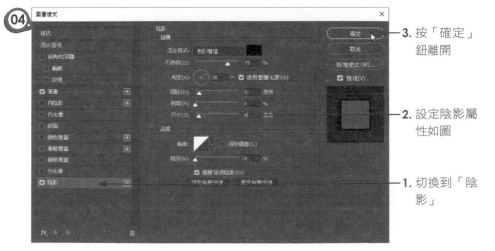

04

3. 按「確定」鈕離開

2. 設定陰影屬性如圖

1. 切換到「陰影」

1. 以文字工具再輸入相關資訊

2. 按「增加圖層樣式」鈕,並選擇「筆畫」

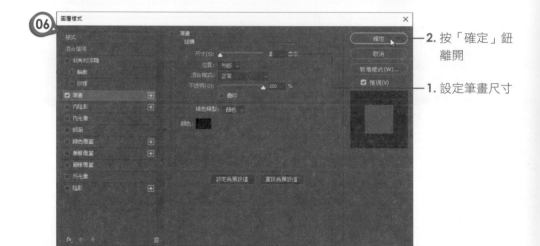

2. 按「確定」鈕離開

1. 設定筆畫尺寸

顯示完成的畫面效果

08

濾鏡特效的
全方位專家指南

Photoshop

Photoshop 的濾鏡功能是大多數設計者的最愛，因為透過濾鏡的使用，能為平淡的影像加入各種的紋理效果、材質變化、藝術風、變形扭曲…，透過濾鏡效果處理後變成美美的藝術相片，更可以加入心情文字，也能隨意塗鴉讓相片更有趣生動，使用者也可以經由更改濾鏡的 設定，自訂出符合需求的特殊效果，輕鬆讓影像輕鬆就能吸引觀賞者的目光，因此在此章節中將探討各種濾鏡所呈現的效果。

8-1 濾鏡使用技巧

濾鏡其實就是一些常見的影像特效，使用濾鏡的最大好處就是節省了修圖所需的時間，輕鬆就能賦予影像有如素描或印象派意想不到的繪圖樣貌，各位點選「濾鏡」功能表時，通常會看到如下的選單。

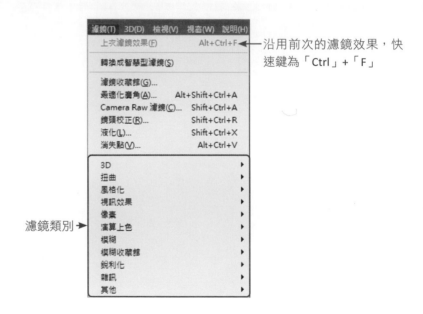

沿用前次的濾鏡效果，快速鍵為「Ctrl」+「F」

濾鏡類別

在「濾鏡」類別中，右側的三角形鈕還提供相關的效果可供選用，如果已經使用過某種濾鏡特效，想要再度使用它，可直接按快速鍵「Ctrl」+「F」，上方則包括轉換成智慧型濾鏡、濾鏡收藏館、最適化廣角、Camera Raw 濾鏡、鏡頭校正、液化、消失點等項。

8-1-1 轉換成智慧型濾鏡

　　「濾鏡 / 轉換成智慧型濾鏡」可以在不破壞原影像的狀態下，讓使用者新增、調整和移除影像的濾鏡。這樣的轉換功能，對於設計師來說可說是一大福音，因為不必為了保留原先影像而必須另存影像。

　　當使用者執行「濾鏡 / 轉換成智慧型濾鏡」指令後，它會將選定的圖層轉換成智慧型物件，同時會在圖層縮圖的右下角標示了 ![icon] 的圖示。

　　　　　　　　　　　　　　　　　　　　——表示此圖層為智慧型物件

　　在加入「濾鏡」功能表中的濾鏡效果後，如果事後想要回復原先的影像風貌，只要將智慧型濾鏡的眼睛圖示關掉，就一切搞定了。

加入濾鏡效果時，圖層顯示的狀況

關掉眼睛圖示，原先加入的濾鏡效果就會被隱藏

8-1-2 濾鏡收藏館

使用「濾鏡收藏館」可以更改濾鏡的設定，能同時重複套用多個濾鏡，甚至可以重新排列濾鏡執行的先後順序，使達到想要得到的效果。執行「濾鏡 / 濾鏡收藏館」指令，將看到如圖的視窗：

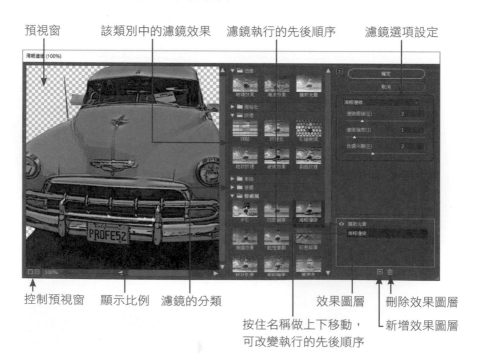

預視窗　　　　該類別中的濾鏡效果　　濾鏡執行的先後順序　　　濾鏡選項設定

控制預視窗　　顯示比例　　濾鏡的分類　　　　　　　　　效果圖層　　　刪除效果圖層

按住名稱做上下移動，　　　　　新增效果圖層
可改變執行的先後順序

濾鏡收藏館包括扭曲、風格化、紋理、素描、筆觸、藝術風等六種濾鏡類別。先從類別中選定某一濾鏡效果後，右下方會自動加入該項濾鏡名稱，同時右側也會顯示細項設定讓各位做調整。如果要加入第二項濾鏡效果請先按「新增效果圖層」田鈕，再選擇所要使用的濾鏡縮圖，而 ◎ 則是控制該項濾鏡的顯示與否。

8-1-3　最適化廣角

「最適化廣角」可以將全景照或以魚眼、廣角鏡頭拍攝之照片中的彎曲線條迅速拉直。此濾鏡使用各別鏡頭的物理特性，自動校正影像。執行「濾鏡 / 最適化廣角」指令後，將進入如下的視窗，請利用左側的「限制工具」 和「多邊形限制工具」 來調整影像的彎曲線條。

圖示	功能鈕名稱	說明
	限制工具	按一下影像或拖曳端點以增加或編輯限制。若加按「Shift」鍵按一下滑鼠，可增加水平或垂直的限制；而加按「Alt」鍵則可刪除限制。
	多邊形限制工具	按一下影像或拖曳端點以增加或編輯多邊形限制，加按「Alt」鍵可刪除限制。

下拉選擇「透視」

1. 點選「限制工具」　　　　　　　　　　　　　**4.** 完成時按「確定」鈕離開

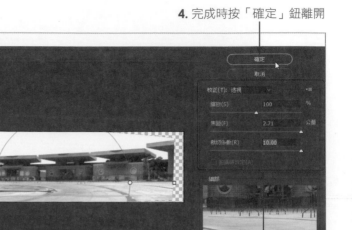

2. 在影像上由左到右
拉出一條水平線條

3. 由此調整縮放、焦距、裁切係數等選
項，使補償濾鏡所造成的空白影像區域

8-1-4 Camera Raw 濾鏡

　　拍攝的影像假設有色溫、曝光度、或清晰度的問題，可以透過「濾鏡 /
Camera Raw 濾鏡」指令來做修正。

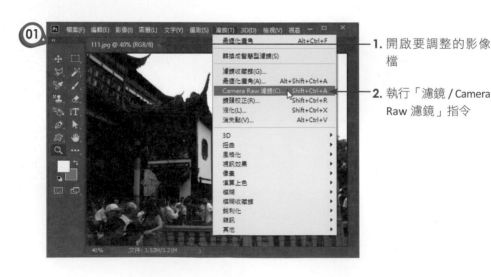

1. 開啟要調整的影像
檔

2. 執行「濾鏡 / Camera
Raw 濾鏡」指令

1. 由各標籤頁可以修改影像效果

2. 按「確定」鈕即可改變影像

在 Camera Raw 視窗中,各位可以針對整體影像或局部影像作調整。各工具按鈕在此先做個簡單的說明:

右側標籤按鈕

按鈕功能由左而右,依序簡要說明如下:

按鈕名稱	功能說明
基本	影像的基本設定,包括白平衡、曝光、對比、亮部、陰影、清晰度、飽和…等調整。
色調曲線	調整亮部、亮調、暗調、陰影。
細部	針對銳利化、雜訊的減少作調整。
HSL	調整色相、飽和度及明度。
分割色調	調整亮部或陰影的色相與飽和度。

按鈕名稱	功能說明
鏡頭校正	包含扭曲、修飾外像、暈映的調整。
效果	設定顆粒的大小與粗糙度，以及後製裁切暈映的樣式變化。
校正	針對紅、綠、藍等主要色的色相與飽和度作調整。
預設集	提供預設集的新增。

上方工具按鈕

按鈕功能由左而右，依序簡要說明如下：

按鈕名稱	功能說明
縮放顯示工具	選此工具，滑鼠會變成「+」的符號，可以放大影像比例，若加按「Alt」鍵，滑鼠則會變成「-」的符號，可縮小影像比例。
手形工具	影像的大小若大於檢視視窗，可透過手形工具移動影像，以改變檢視區域。
白平衡工具	透過滑鼠點選影像區域，以調整影像的色溫及色調。
顏色取樣器工具	可在影像上取得 1-9 組的樣本，以了解該取樣點的 RGB 數值，若要清除取樣的結果，可按下「清除取樣器」鈕。
目標調整工具	可個別針對參數型曲線、色相、飽和度、明度作調整。
變形工具	提供自動、色階、垂直、使用參考線…等多種變形效果。
汙點移除	可以透過仿製或修復的方式，來移除影像中的瑕疵。
紅眼移除	可以將閃光燈拍攝時，所造成的紅眼現象消除。使用時可用滑鼠拖曳出整個眼睛和部分周遭臉孔，即可刪除紅眼。
調整筆刷	可以針對影像的局部區域作曝光度、亮度、對比、飽和度、清晰度、銳利度等之調整。
漸層濾鏡	可對影像加入漸層的濾鏡變化。
放射狀濾鏡	可對影像加入放射狀的濾鏡變化。

　　了解各按鈕所代表的意義後，接下來試著來調整影像的缺點，以便為過暗的區域補光，同時讓灰白的天空變得晴朗些。

3. 調整後，可看到此區域的影像變亮

2. 由此調整陰影的比例

2. 在影像上由右上拖曳到中間，使顯現如圖的綠點到紅點的漸層效果

1. 點選「漸層濾鏡」工具

3. 按下顏色的色塊

濾鏡特效的全方位專家指南

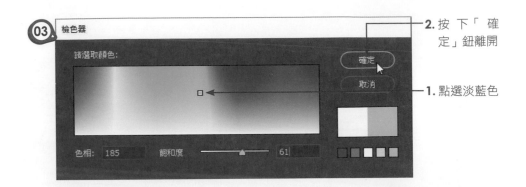

2. 按下「確定」鈕離開

1. 點選淡藍色

2. 瞧！天空變晴朗了！　　**1.** 如果看不到效果，可以調整一下「曝光度」

3. 設定完成，按「確定」鈕離開

8-1-5 鏡頭校正

「鏡頭校正」主要用來校正鏡頭扭曲、色差或暈映的效果。執行「濾鏡 / 鏡頭校正」指令，各位將看到如下的視窗畫面。

預覽視窗　　　　　　　　標籤頁切換

左側的工具按鈕包括如下幾項：

按鈕	工具名稱	說明
	移除扭曲工具	由外向中央拖曳或由中央向外拖曳，即可校正扭曲。
	拉直工具	繪製一條直線，將影像朝新的水平軸或垂直軸拉直。
	移動格點工具	以拖曳方式移動對齊格點。
	手形工具	以拖曳方式在視窗中移動影像。
	縮放顯示工具	在影像上方按一下或拖曳，即可放大影像。若要縮小，可加按 Alt 鍵。

　　另外，標籤頁裡包含「自動校正」與「自訂」兩個標籤。「自動校正」可以使用影像檔的 EXIF 資料，然後根據使用的相機與鏡頭類形來進行精確的調整。而「自訂」標籤頁則可針對扭曲、色差、暈映、變形等內容進行個別的調整。如下圖所示，調整「垂直透視」的滑鈕，即可將左側原先傾斜的建築物變垂直。

3. 瞧！建築物變垂直了　　　　　　　　　　1. 切換到「自訂」標籤

2. 調整「垂直透視」的數值

8-1-6　液化

「液化」可以製作出扭轉、推擠或膨脹的效果。執行「濾鏡／液化」指令，將會看到如圖的視窗：

工具箱　　　　　　預視窗　　　　　　　內容設定，點選可顯示下方選項

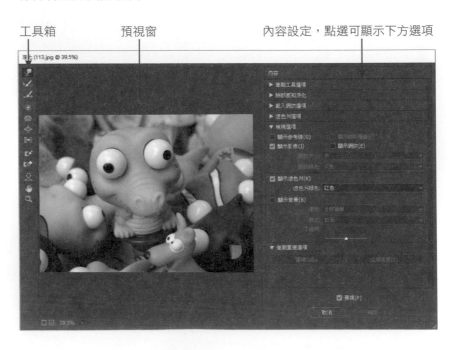

各位可以利用左側工具箱中來液化影像，像是「向前彎曲工具」是依據滑鼠拖曳方向來產生變形，「重建工具」可將已變形的區域還原成原來的風貌，「縮攏工具」由外向內將影像擠壓變形，「膨脹工具」可將影像由內向外推擠變形…等，各項工具各位不妨多加嘗試。

了解「液化」視窗的工具後，接下來就透過「向前彎曲工具」來液化眼睛。

1. 點選「向前彎曲工具」　　　　　　**2.** 由此調整筆刷大小

3. 在眼珠處塗抹，使眼珠變大　　　　　**4.** 完成按「確定」鈕離開

8-1-7　消失點

「消失點」能透過不同消失點的控制，讓影像的貼圖更符合人類視覺的感受。

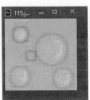

以下就以材質圖案與 3D 所完成的沙發，來為各位作示範說明。

1. 以「魔術棒」工具選取背景白色，執行「選取 / 反轉」指令使改選圖形

2. 執行「編輯 / 拷貝」及「編輯 / 貼上」指令，使形成新的圖層

開啟材質圖樣，執行「選取 / 全部」指令，使全選材質，再執行「編輯 / 拷貝」指令使拷貝圖樣

1. 切換回到沙發的圖檔，執行「濾鏡 / 消失點」指令，使進入如圖視窗

4. 由上方控制格子的大小

2. 點選「建立平面工具」按鈕　**3.** 在沙發上點出如圖的四個點，使形成如圖的平面

執行「編輯 / 貼上」指令，將材質貼入視窗中

1. 將左上角的材質圖樣移入藍色區塊之中，而加按「Alt」鍵並移動滑鼠，可以複製該圖樣，同時將材質圖樣拼貼起來

05

2. 如需旋轉或縮放材質，可以使用「變形工具」鈕

完成該面的貼圖後，依序繪製其他面，同時繼續將材質圖樣貼入網格中

06

完成所有面的貼圖後，按「確定」鈕離開

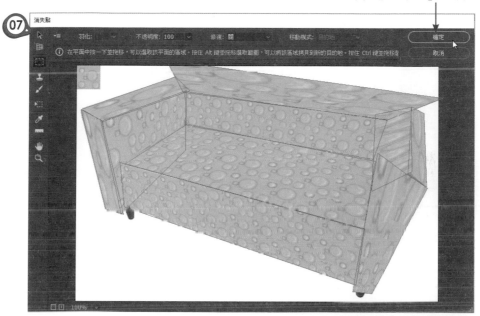

從「圖層」面板上更改適當的混合模式，使顯現如圖

1. 選用「橡皮擦工具」

2. 將沙發以外的多餘部分擦除，即可完成貼圖的工作

8-1-8　扭曲

　　「濾鏡 / 扭曲」著重於影像的扭轉、傾斜、漣漪、內縮 / 外擴、旋轉…等變形處理，使用過度時，將看不出影像原來的風貌。

原圖（116.jpg）

內縮和外擴

扭轉效果

波形效果

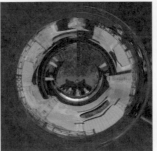

旋轉效果

移置（載入 PSD 檔）

魚眼效果

傾斜效果

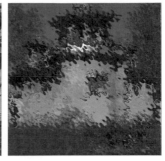
漣漪效果

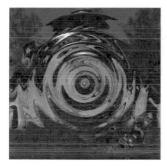
鋸齒狀

8-1-9 風格化

「濾鏡 / 風格化」可以創造出浮雕、錯位分割、擴散、輪廓描圖⋯等特殊風格的效果。

原圖（117.jpg）

突出分割（區塊）

突出分割（金字塔）

風動效果

浮雕

找尋邊緣

輪廓描圖

錯位分割

擴散

曝光過度

8-1-10 視訊效果

「濾鏡 / 視訊效果」包括 NTSC 色彩及反交錯兩個選項。「NTSC 色彩」主要將電腦影像轉換成視訊設備可以接受的色彩範圍；而「反交錯」是將視訊設備擷取下來的影像所產生的掃描線加以消除。

8-1-11 像素

「濾鏡 / 像素」包含了多面體、彩色網屏、馬賽克、結晶化…等類的粒狀的效果，讓畫面變得較粗糙些，運用此濾鏡，可作為背景處理或質感的表達。

原圖（118.jpg）

多面體

馬賽克

彩色網屏

殘影

結晶化

網線銅版

點狀化

8-1-12 演算上色

「濾鏡 / 演算上色」可以自動產生像雲彩或光源、反光等的濾鏡效果，是製作特效時，最容易被採用的的項目之一。

原圖（119.jpg）

反光效果

光源效果

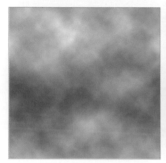
雲狀效果
（與前背景設定有關）

雲彩效果
（與前背景設定有關）

纖維
（與前背景設定有關）

　　除了上述的效果外，「演算上色／火焰」可在指定的路徑上加入各種的火焰效果，而「演算上色／樹」可選擇加入多達三十多種的樹木效果。如圖示：

另外，「演算上色 / 圖片框」是一個製作圖框的好工具，在「基本」標籤部分，它提供各種的邊框樣式，也可以設定花朵、葉子的造型，更可以設定邊界和尺寸，而「進階」標籤部分還可設定邊框的行數、粗細、角度、淡化程度，讓邊框可以依照使用者的需求來進行編排。執行「濾鏡 / 演算上色 / 圖片框」指令即可進入下圖視窗進行設定。

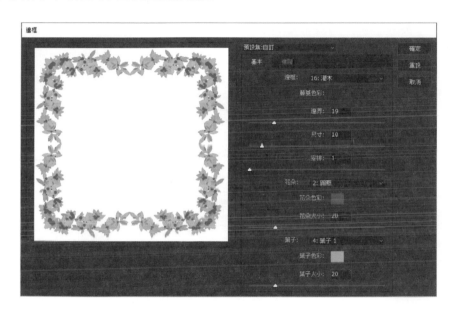

8-1-13　模糊與模糊收藏館

　　「濾鏡 / 模糊」和「濾鏡 / 模糊收藏館」主要讓影像變得較模糊些，諸如：形狀模糊、方框模糊、表面模糊…等，讓模糊的變化更多樣。另外，景色模糊、光圈模糊、移軸模糊等三種模糊可迅速建立三種不同的攝影模糊效果，並可以直接在影像上直接觀看或作控制。而使用「光圈模糊」可將一或多個焦點加入相片中，在影像上可直接改變焦點的尺寸和形狀，相當地方便。其使用方式如下：

01

1. 開啟影像檔

2. 執行「濾鏡 / 模糊收藏 館 / 光圈模 糊」指令

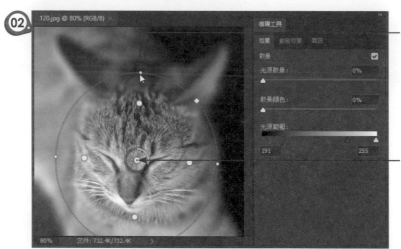

02

2. 拖曳此控制 點可以改變 焦點的形狀

1. 按住中間不 放，可以拖 曳方式來改 變光圈的位 置

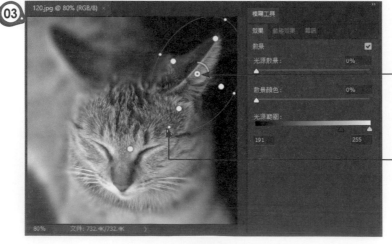

03

1. 在此按一下 ，可增加另 一個焦點

2. 拖曳此處， 使改變焦點 形狀

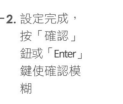

04

2. 設定完成，
   按「確認」
   鈕或「Enter」
   鍵使確認模
   糊

1. 以同樣方式
   可增設多個
   焦點

05

顯示完成的結果

　　除了景色模糊、光圈模糊、移軸模糊三種效果可利用直觀方式或利用右側
的面板做設定外，其餘的模糊效果大致如下。

原圖（**120.jpg**）

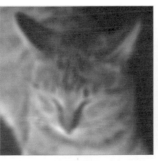

方框模糊

平均

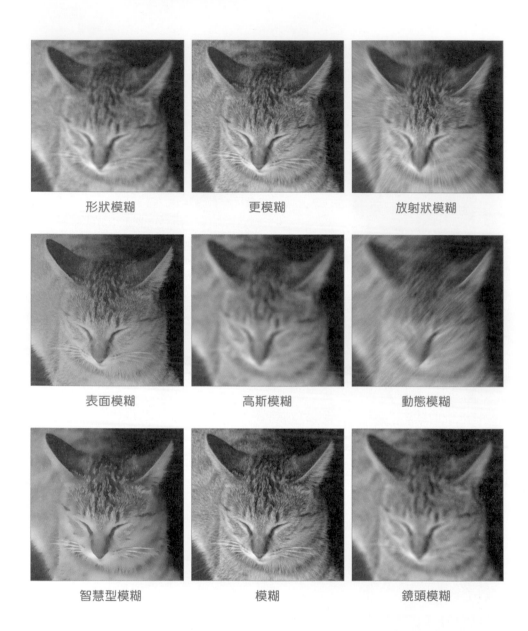

形狀模糊　　　　　　更模糊　　　　　　放射狀模糊

表面模糊　　　　　　高斯模糊　　　　　　動態模糊

智慧型模糊　　　　　　模糊　　　　　　鏡頭模糊

8-1-14　銳利化

　　「濾鏡／銳利化」能將影像輪廓變銳利，因此所拍攝的影像如有對焦不準的情形，可以使用這類功能來加以調整。諸如「智慧型銳利化」的濾鏡特效，不但可以改善邊緣的細節，還可以有效控制陰影與光亮區域的銳利程度，甚至還可以設定移除高斯模糊、鏡頭模糊或動態模糊的類型，可說是相當進階的設定。

另外，「防手震」功能可將因相機震動而模糊的影像快速回復清晰度，不論模糊是由於慢速快門或長焦距而造成的。

原圖（121.jpg）

更銳利化

防手震

智慧型銳利化

遮色片銳利化調整

銳利化

銳利化邊緣

8-1-15 雜訊

「濾鏡 / 雜訊」用來增加雜訊或去除斑點和刮痕，諸如，夜拍影像上的雜點或是掃描影像上的網點，都可以使用去除斑點的功能加以去除。除此之外，

此類別中也提供了「減少雜訊」的功能，不但可以減少在弱光下或高 ISO 值情況下所顯現的雜點，還提供更多細節的設定，諸如：色版的選擇、減少 JPEG 圖檔因過度壓縮所形成的雜訊…等，各位不妨嘗試看看。

原圖（122.jpg）

中和

去除斑點

污點和刮痕

減少雜訊

增加雜訊

8-1-16 其他

「濾鏡 / 其他」將不易分類的特效或需自行設定的效果歸類於此。

原圖（123.jpg）

自訂

最大

最小 畫面錯位 顏色快調

8-2　靈活運用濾鏡

　　剛剛介紹的濾鏡功能相當的多，各位除了將濾鏡功能應用在整張影像上，也可以透過選取工具來做局部的濾鏡處理，另外還可以透過「編輯／淡化」指令，來淡化濾鏡效果。這一小節將針對這些技巧和各位做說明。

8-2-1　淡化濾鏡效果

　　對於所執行的濾鏡特效，各位可以透過「編輯／淡化」指令來加以淡化效果，配合它的不透明控制與模式的選擇，就能產生不錯的效果。

01 開啟影像檔案，執行「濾鏡／模糊／高斯模糊」指令

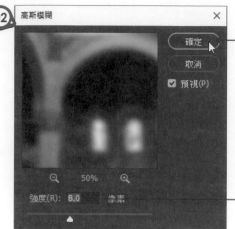

02

2. 按「確定」鈕離開

1. 設定模糊的強度

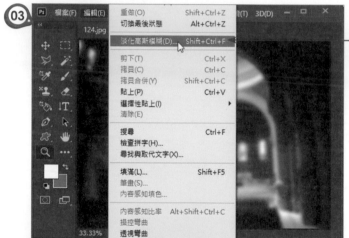

03

執行「編輯 / 淡化高斯
模糊」指令

04

2. 按「確定」鈕離開

1. 調整不透明度,並將模式改為「濾色」

05 124.jpg @ 33.3% (RGB/8) * ×

── 畫面有如加了柔焦鏡的效果

33.33%　文件: 3.52M/3.52M

8-2-2 設定局部範圍加入特效

　　在使用濾鏡特效時，不一定要整張畫面都加入效果，可以只針對重點的部位來處理，這樣才能吸引目光。諸如：飛翔的鳥、奔馳的汽車、運動員在奔跑…等，都讓主角清楚，而背景加入動態模糊的處理，這樣就可以讓觀看者感受到動感。加入特效時，如果能配合圖層透明度來加以調整，通常效果會更自然喔！

01

── **3.** 設定適當的羽化值
── **1.** 開啟影像檔
── **2.** 使用選取工具
── **4.** 將主題圈選起來

02

1. 執行「選取 / 反轉」指令，使改選背景部份

2. 執行「編輯 / 拷貝」及「編輯 / 貼上」指令，使背景影像複製到新的圖層上

03

1. 執行「濾鏡 / 模糊 / 動態模糊」指令，進入如圖視窗

3. 按「確定」鈕離開

2. 設定適合的角度和間距

04

1. 調整圖層的透明度

2. 瞧！兼顧影像主體與動感

達人必學的 色版應用

Photoshop

在 Photoshop 中，色版（Channel）的使用相當的廣泛，舉凡前面章節介紹過的圖層遮色片，就與色版息息相關。色版的觀念源自於印刷的分色，也就是將影像根據其顯示的色彩模式，把各色彩以灰階顏色儲存在不同色版中，另外加上一個各色所組成的色版，色版並不難學，在 Photoshop 中它扮演著舉足輕重的創意功能角色。了解色版的加入方式與使用技巧，就能讓各位的創意作品隨心所欲的發揮出來。

9-1 「色版」面板

數位影像的表達有許多種類，但在一般的影像處理環境中，大部份的影像為 RGB 色彩模式，因此以 RGB 模式為例，「色版」面板就會看到 RGB、紅、綠、藍共四個色版。

每個色版都是灰階，透過控制該色版的顯現與否，當各位按於某個色版上，就可以個別調整該色版，如果選擇「RGB」的色版，則會同時修正

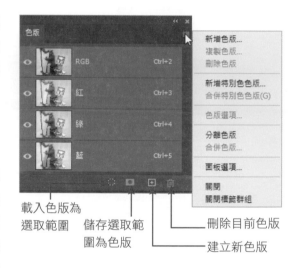

載入色版為選取範圍　儲存選取範圍為色版
刪除目前色版
建立新色版

紅、綠、藍三個色版。每個色版雖以灰階顯示，事實上這灰階是代表該色版的明暗度，若是只開啟兩個色版，就可看到兩色混合後的色彩。

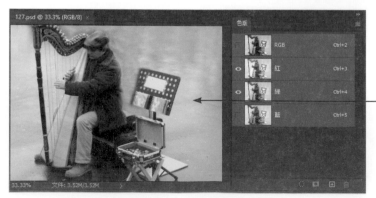

顯示紅、綠二色混合的效果

9-2　色版的編輯

接下來將介紹如何加入色版、增減色版範圍，讓各位對色版有更深一層的認識。

9-2-1　新增色版

Photoshop 中加入色版的方法有很多，如前面章節以「增加圖層遮色片」功能，或是「使用上一個圖層建立剪裁遮色片」所建立的遮色片，都會記錄於色版中，如圖示：

在圖層上所加入的遮色片，也會記錄於色版中

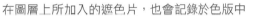

如果要在色版面板中加入新的色版，只要由面板右上角下拉選擇「新增色版」指令，然後在遮色片上繪製所需的圖形就行了。

9-2-2　色版範圍的增減

使用色版時，如果有兩個以上的色版，可以透過增加、減去、或相交的方式，讓色版的組合更有變化。

由色版下方按下「建立新色版」鈕，使建立新色版

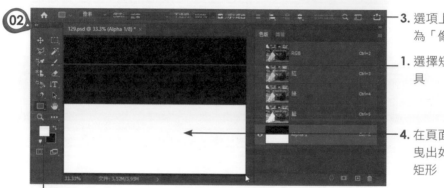

3. 選項上設定為「像素」

1. 選擇矩形工具

4. 在頁面上拖曳出如圖的矩形

2. 前景色設為白色

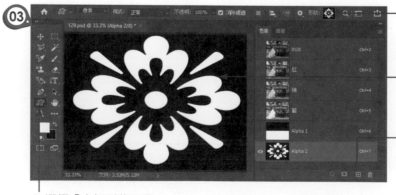

3. 由「形狀」下拉設定造型

4. 在頁面上拖曳出如圖造型

1. 按下「建立新色版」指令，使建立另一色版

2. 選擇「自訂形狀工具」

1. 切換回
   「RGB」
   色版

2. 加按「Ctrl」
   鍵於「Alpha
   1」色版縮
   圖，使轉為
   選取區域

1. 執行「選取 / 載入選取範圍」指令，
   使進入如圖視窗

4. 按「確定」鈕離開

2. 選取「Alpha 2」色版

3. 操作設為「由選取範圍減去」

2. 按此設定前
   景顏色

1. 開啟「圖層」
   面板，按此
   鈕新增空白
   圖層

按「Alt」+
「Backspace」
鍵即可填入前
景的粉紅色

從上面的範例中，各位就可以了解到建立新色版、載入選取範圍、由選取範圍減去等功能的使用方法，透過這樣的方式增減色版，就可以讓色版變得千變萬化。

9-3 活用色版

所新增的色版，事實上對於影像畫面並沒有任何的影響，必須配合其他的調整功能或濾鏡設定，再加上色版的相加減，才能做出各種特效。尤其是在 Photoshop 有了「圖層樣式」功能之後，將許多必須透過色版才能做到的效果，只要簡單的調整選項，就能輕鬆完成浮雕、光暈、斜角…等變化，對於現在的使用者來說，可真是一大福音。另外，「色版」面板中有一項「新增特別色色版」的功能，此功能可為影像加入特別色或做局部上光的效果。現在就來看看這個功能的使用技巧。

9-3-1 新增特別色色版

請先選定要加入特別色的區域範圍，再由面板中執行「新增特別色色版」指令，就可以在如下視窗裡設定顏色及色彩的深淺。

2. 開啟色版，按下此鈕

3. 執行「新增特別色色版」指令

1. 以選取工具選取白色建築物的區域範圍

按下色塊

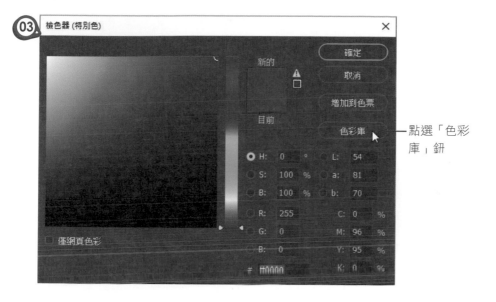

點選「色彩庫」鈕

1. 下拉選擇 DIC 顏色參考

4. 按 下「 確 定」鈕離開

2. 由此找尋色系

3. 選取顏色

這裡自動顯示色票名稱

2. 按「確定」鈕離開

1. 設定實色的百分比

瞧！原白色的
建築物已加入
DIC 2538s* 的
特別色

9-3-2 合併特別色版

　　如果要將特別色也混入各色版中，只要點選特別色的色版，再執行「合併
特別色色版」指令就行了。

2. 下拉執行此
　 指令

1. 點選所加入
　 的特別色

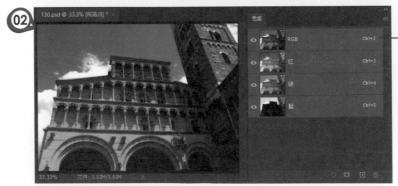

顯示合併的結果

9-3-3 色版的分離與合併

　　影像既然是數個色版所組合而成的，當然色版可以加以分離或合併。要將色版分離或組合，可直接從「色版」右上角做選擇。分離後的色版，還可以在刪除特定色版後，再進行合併的動作，而合併後，影像色彩模式會自動轉變成「多重色版」的模式。

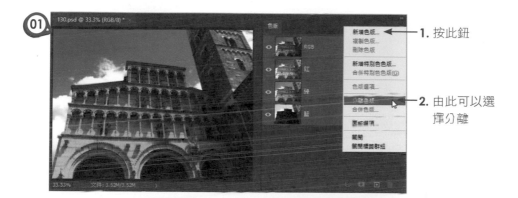

1. 按此鈕

2. 由此可以選擇分離

瞧！色版分離成紅、綠、藍色（三個檔案）

9-4　範例實作：以色版製作超炫浮雕字體

　　現在的美術設計人員想要製作浮雕字，都可以輕鬆由「圖層樣式」的功能快速做到，但是在早期的時候，則必須透過色版作增減的處理，以及各種濾鏡功能才能做出。這裡就讓各位體會一下，如何透過色版與濾鏡的功能，作出木板上的浮雕字效果。

完成畫面

步驟說明

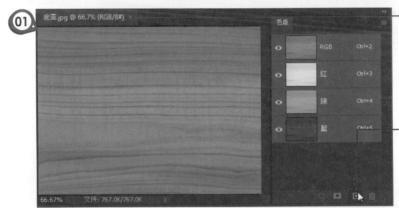

1. 開啟影像檔「底圖 .jpg」

2. 在「色版」上按下此鈕，使新增「Alpha1」色版

3. 由選項設定字體樣式與大小

1. 選用「水平文字工具」

2. 輸入「木雕」2 字

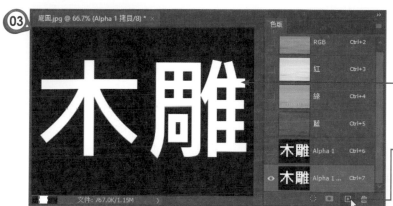

2. 取消文字選取狀態

1. 拖曳「Alpha 1」色版到此鈕中，使複製該色版

執行「影像 / 調整 / 負片效果」指令，使黑白顛倒

加按「Ctrl」鍵點選此色版，使選取白色的背景

06

1. 執行「濾境 / 模糊 / 高斯模糊」指令，使進入此視窗

3. 按「確定」鈕離開

2. 將強度設為「4.5」

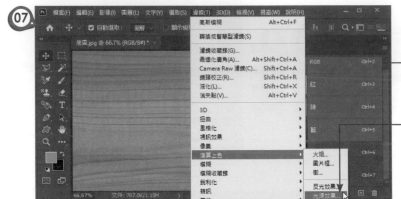

07

1. 按此使回到「RGB 色版」

2. 執行「濾鏡 / 演算上色 / 光源效果」指令，使進入下圖視窗

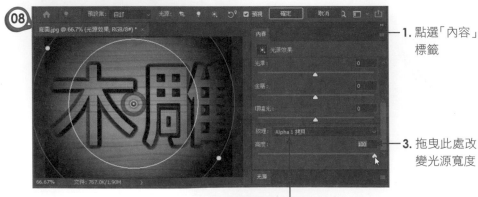

08

1. 點選「內容」標籤

3. 拖曳此處改變光源寬度

2. 由「紋理」下拉選擇「Alpha 1 拷貝」的色版

按下「Enter」
件後，即可顯
示完成的浮雕
效果

MEMO

向量繪圖的
祕密花園

Photoshop

由於向量圖的檔案大小決定在於圖形的複雜度上而非圖形的大小，因此向量圖非常適合使用在大型的圖形輸出上（如一般公司的 logo 圖形、商標文字…等）。Photoshop 除了可以編輯點陣圖影像外，它也提供向量式的繪圖工具，這一章節中將針對向量繪圖的部分和各位做探討。

10-1 向量繪圖工具簡介

此小節我們先針對形狀工具與其應用的範圍先做簡要的說明，若能了解並善用這些工具，網頁設計或多媒體介面的安排就會更簡單快速。

10-1-1 形狀工具

想要繪製幾何圖形，Photoshop 的形狀工具提供了矩形、圓角矩形、橢圓、多邊形、直線、及自訂形狀可以選用。

不管選用哪個形狀工具，所看到的選項內容大致如下：

由此選擇形狀工具應用的範圍

10-1-2 活用形狀工具

基本上，利用形狀工具所繪製的形狀可運用在三方面：

形狀圖層

每一個繪製的圖形都將變成獨立的圖層，因此可以個別對圖層做編輯，諸如：換色、修改位置、變形…等都是易如反掌。

1. 切換到「形狀」

2. 繪製圖形　　　　　　　**3.** 瞧！圖形擁有自己的圖層

路徑

繪製的圖形將顯示成工作路徑，可將路徑儲存、轉換成選取區、做填滿或筆畫的處理。

1. 切換到「路徑」

2. 繪製造型　　**3.** 瞧！路徑將顯示於「路徑」面板上

填滿像素

所繪製的圖形會與背景底層結合在一起，因此繪製後就無法再個別調整形狀的位置。不過可以利用選項上的「模式」或「不透明度」來與背景影像形成特殊效果。

1. 切換到「像素」

2. 繪製圖形　　**3.** 瞧！繪製的圖形是顯示在背景層

10-2 形狀工具的繪製美學

Photoshop 所包含的形狀工具相當多，這裡為各位做簡要的說明各工具的特點：

矩形工具

使用「矩形工具」 ■ 繪製矩形時，除了可以畫出任一比例的矩形外，也可由如圖的選項中將形狀設定為正方形，或固定其尺寸、比例。如果要從中心點開始繪製矩形，則請勾選「從中央」的選項。

🗝️ 圓角矩形工具

圓角矩形工具 🔲 能畫出有圓弧角度的矩形。除了「選項」列可以設定相關屬性外，也可以在「內容」面板上設定圓弧角度的大小。

取消此鈕後，可為 4 個
圓角設定不同的數值

🗝️ 橢圓工具

橢圓工具 ⬭ 可以畫出正圓或橢圓形狀的圖案。

多邊形工具

多邊形工具 可以畫出各種多邊形狀或星形圖形。「強度」用來控制中心到外點的距離，「內縮側邊」可控制內縮邊緣的百分比，如果希望以圓角轉折來代替銳利轉折，可勾選「平滑轉折角」的選項。若希望以圓角內縮來代替銳角內縮，則請勾選「平滑內縮」的選項。

直線工具

直線工具 用來繪製直線或箭頭，在下方的「寬度」是控制箭頭寬度與線段寬度的百分比，「長度」是控制箭頭長度與線段寬度的百分比，而「凹度」是設定箭頭凹面與長度的百分比。

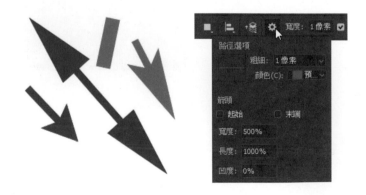

自訂形狀工具

自訂形狀工具 的「形狀」裡提供各種向量圖形，另外還包含各種類別的形狀，諸如：有葉樹木、野生動物、船、花朵等多種類別的形狀讓您選用，

選取類別後，可接著選定圖案，再到頁面上拖曳出圖形大小，就可以將圖形顯示於頁面中。

當各位選取任一的繪圖工具後，只要「選項」列上切換到「形狀」，那麼繪製的圖形就會自動變成一個獨立的圖層，方便作移動或修改。

10-3　路徑繪圖的小心思

Photoshop 的「路徑」主要提供向量式的線條，由於它不包含任何的像素資料，因此無法列印出來，不過在編輯完路徑後，可透過填滿或筆畫的功能來呈現造型，另外印刷設計中常用的去背圖形，也都是利用路徑功能來做剪裁的。請執行「視窗 / 路徑」指令，叫出路徑浮動視窗來瞧瞧！

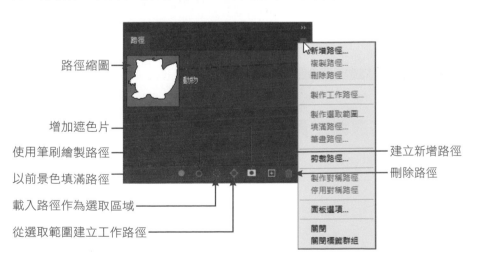

10-3-1 以形狀工具建立工作路徑

當開啟路徑面板時，路徑面板上空無一物，必須先利用形狀工具或筆型工具才能建立工作路徑，有了工作路徑後，才可以轉換成選取區域、或做儲存、填滿、筆畫等動作。

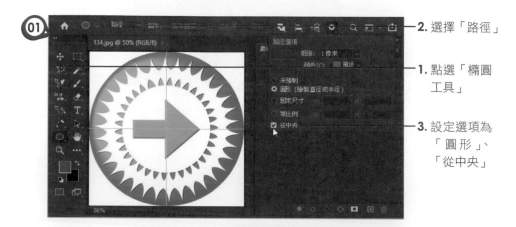

2. 選擇「路徑」

1. 點選「橢圓工具」

3. 設定選項為「圓形」、「從中央」

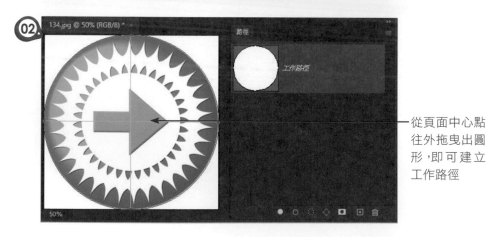

從頁面中心點往外拖曳出圓形，即可建立工作路徑

10-3-2 以創意筆工具建立工作路徑

創意筆工具類似磁性套索工具，只要沿著圖形邊緣依序按下滑鼠，就可以快速繪製路徑。

01

2. 選項上勾選「磁性」

1. 點選「創意筆工具」

3. 在頁面上依序按下滑鼠確定其輪廓線

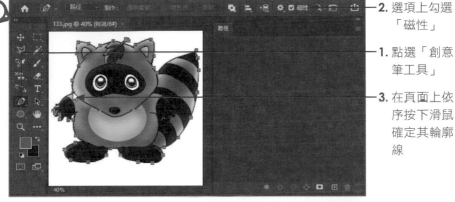

02

完成時將結束點與起始點連接在一起,工作路徑就會自動產生

10-3-3 以筆型工具建立工作路徑

筆型工具  是必須完全靠使用者來操作工具才能繪製出路徑。使用的新手只要把握如下的三個原則,就可輕鬆畫出完美的路徑。

依序按下滑鼠左鍵,可建立筆直的路徑

1. 起始點

2. 按下左鍵會產生筆直線條

按下左鍵做拖曳的動作，路徑會變成曲線，同時會有兩個控制桿和控制點。

1. 起始點

2. 按下左鍵開始拖曳，自動顯示左右兩個控制桿

加按「Alt」鍵可以轉換錨點，讓右側的控制桿與控制點不顯示出來，方便下一個錨點的繪製。

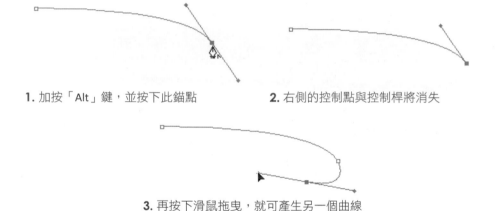

1. 加按「Alt」鍵，並按下此錨點

2. 右側的控制點與控制桿將消失

3. 再按下滑鼠拖曳，就可產生另一個曲線

現在各位可以試著利用「筆型工具」來描繪下圖右側的建築物輪廓，如此一來就可以建立如下圖的工作路徑。

10-3-4 以選取區建立工作路徑

工作路徑的建立除了利用形狀工具、筆型工具、或創意筆工具來直接建立外，使用「選取工具」所選取的範圍，也可以將它轉換成工作路徑。

3. 勾選「連續的」可避免眼睛的白色也被選取

2. 設定容許度

4. 按一下背景使全選白色

1. 點選「魔術棒工具」

1. 執行「選取／反轉」指令，使改選影像

2. 由「路徑」面板右上角下拉執行「製作工作路徑」指令

1. 設定容許度

2. 按「確定」鈕離開

04

完成工作路徑
的建立

10-3-5 路徑編修

不管使用哪一種方式建立工作路徑，路徑如有不滿意的地方需要調整，都可以利用「增加錨點工具」 、「刪除錨點工具」 、「轉換錨點工具」 、「直接選取工具」 、「路徑選取工具」 來加以調整。

增加錨點工具	在欲增加錨點的位置上按一下可增加錨點
刪除錨點工具	以此工具按一下錨點，可將其刪除
轉換錨點工具	在指定的錨點上按一下，可將曲線轉換成直線，若按下錨點不放並且拖曳，則會產生控制點和控制桿
直接選取工具	可以個別調整錨點的位置，讓路徑更符合影像的邊界
路徑選取工具	用來移動整個路徑的位置

10-3-6 儲存路徑

不管是利用何種方式來建立工作路徑，這些工作路徑只是暫存在記憶體中，如果需要再度使用到這些路徑，就必須將它們儲存起來。

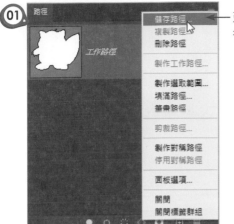

建立工作路徑後，由右上角下拉執行「儲存路徑」指令

輸入路徑名稱，按下「確定」鈕

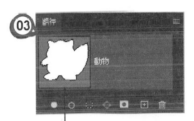

路徑正式被建立，並以正體字顯現

10-3-7 製作選取範圍

在同一個檔案中可以增設多個路徑，透過各個路徑的交集、減去或相交等處理，即可產生更多的路徑。此處來看看如何透過「製作選取範圍」的功能，來為路徑做增加、減去、或做相交的處理。

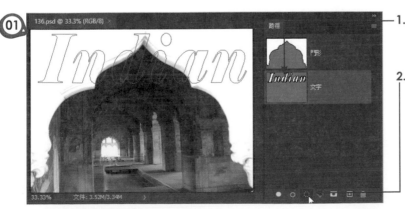

1. 點選「文字」的路徑縮圖

2. 按住「文字」路徑縮圖不放，將其拖曳到「載入路徑作為選取範圍」鈕中，使之變成選取區

1. 點選「門形」路徑縮圖

2. 由右上角下拉執行「製作選取範圍」指令

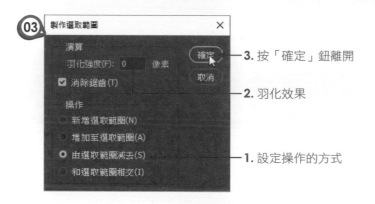

3. 按「確定」鈕離開

2. 羽化效果

1. 設定操作的方式

路徑相減的部份已轉為選取範圍

　　利用相交、減去、或增加所得到的選取範圍，還可以再將它們儲存為路徑，這樣在運用時就變得很多樣化。

10-3-8 填滿與筆畫路徑

路徑建立後，執行「填滿路徑」指令，可填入指定的色彩，並設定合併模式、不透明度、或羽化效果。而「筆畫路徑」指令，可以選擇筆畫的工具，透過筆刷的控制來決定筆畫的粗細與變化。

1. 先點選要填滿色彩的路徑縮圖，使頁面上顯示該路徑

3. 由右上角下拉執行「填滿路徑」指令

2. 設定前景色為淡黃色

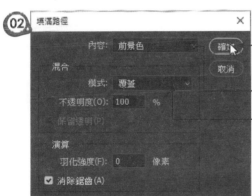

3. 按「確定」鈕離開，就可以看到相減的文字區域已填入黃色

1. 將內容設定為前景色

2. 設定混合模式及不透明度

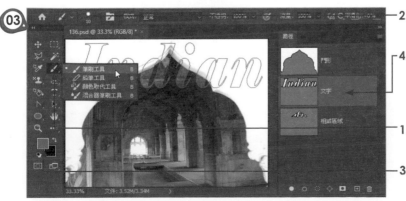

2. 設定筆刷的大小與樣式

4. 點選「文字」的路徑縮圖，使顯現完整的文字

1. 點選「筆刷工具」

3. 將前景色更改為紫色

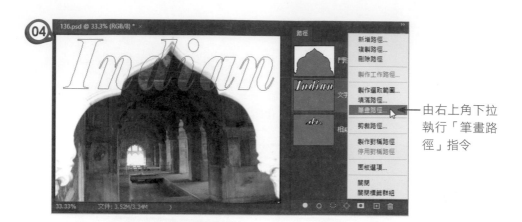

由右上角下拉
執行「筆畫路
徑」指令

1. 選擇「筆刷」工具

2. 按「確定」鈕離開

路徑已填入指
定的筆刷色彩

10-3-9 剪裁路徑製作去背圖形

　　「剪裁路徑」主要應用在印刷排版之中，當設計的插畫圖案要與其他有底
色的版面結合在一起時，如果圖案未做去除背景的處理，露出白色的背景就會
顯得很突兀，而要做去背設定，就可以使用「剪裁路徑」的功能來處理。其製
作步驟如下：

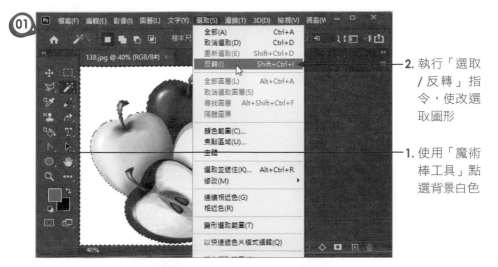

2. 執行「選取 / 反轉」指令，使改選取圖形

1. 使用「魔術棒工具」點選背景白色

1. 下拉執行「製作工作路徑」指令

2. 設定工作路徑的容許度

3. 按「確定」鈕離開

1. 執行「儲存路徑」指令

2. 輸入路徑名稱

3. 按「確定」鈕離開

向量繪圖的祕密花園

1. 執行「剪裁路徑」指令

3. 按「確定」鈕離開

2. 設定路徑的平面化數值，數值越小，圖形越平滑

完成以上的動作，圖形就算完成去背的處理，此時只要將它另存成 TIFF 格式，再匯入到 PageMaker、Indesian 等排版軟體中就行了。

10-4 範例實作 - 文字填滿與筆畫展現

這個範例主要是練習利用文字遮色片工具來輸入文字，同時利用路徑功能來完成填滿與筆畫的效果。

完成畫面

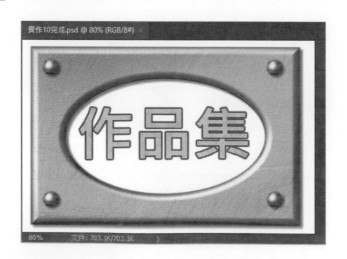

向量繪圖的祕密花園

來源檔案

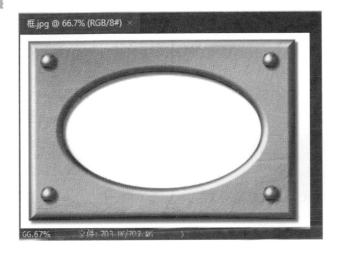

步驟說明

01

4. 由選項上設定文字字型與大小

1. 開啟「框.jpg」圖檔

3. 在頁面上輸入「作品集」等字

2. 選用「水平文字遮色片工具」

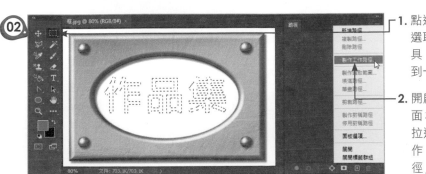

02

1. 點選「矩形選取畫面工具」，使回到一般狀態

2. 開啟「路徑面板」，下拉選擇「製作工作路徑」

1. 輸入容許度

2. 按「確定」鈕離開

按此鈕，下拉選擇「儲存路徑」指令

1. 輸入路徑名稱

2. 按「確定」鈕離開

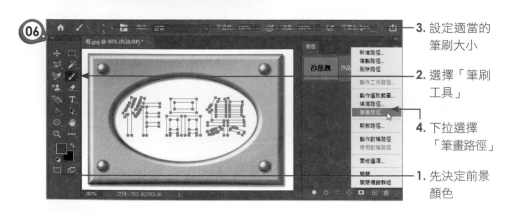

3. 設定適當的筆刷大小

2. 選擇「筆刷工具」

4. 下拉選擇「筆畫路徑」

1. 先決定前景顏色

1. 點選「筆刷」

2. 按「確定」鈕離開

08

按此鈕下拉選
擇「填滿路徑」

09 填滿路徑

內容： 圖樣

選項

自訂圖樣：

指令碼(S)： 請按順色

混合

模式： 正常

不透明度(O)： 100 %

演算

羽化強度(F)： 0 像素

☑ 消除鋸齒(A)

1. 下拉選擇「圖樣」

4. 按「確定」鈕，確定填滿圖樣

2. 設定圖樣的樣式

3. 將混合「模式」設為「正常」,「不透
明度」設為「100」%

10

在路徑以外的
區域按一下，
即可看到完成
的文字效果

向量繪圖的祕密花園

CHAPTER

11

超實用圖層構圖
實戰神器

Photoshop

對於美術編排或網頁設計人員來說,透過 Photoshop 軟體可以盡情的將創意與構思呈現於平面設計或網頁設計上。為了提供客戶最滿意及最好的服務,通常設計師都會設計多個版面讓客戶做選擇,以便與客戶溝通。如果您經常要對頁面編排做多種構圖,那麼圖層構圖的功能就是最佳的使用工具,因為它可以在單一的 Photoshop 檔案中,建立、管理和檢視多種形式的版面,使用者不需要個別的為每一版面另存檔名,在管理檔案上也比較容易辨識。因此這一章節就針對圖層構圖的使用來做說明。

11-1 「圖層構圖」面板

我們知道使用圖層構圖,可以記錄圖層的顯示狀態、位置、圖層樣式等狀態,各位如果想要使用圖層構圖的功能,首先要認識「圖層構圖」面板,執行「視窗 / 圖層構圖」指令即可顯現該面板。

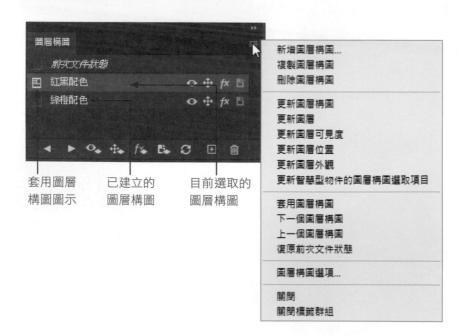

套用圖層　　　已建立的　　　目前選取的
構圖圖示　　　圖層構圖　　　圖層構圖

通常開啟「圖層構圖」面板時只會看到「前次文件狀態」,除非執行了「新增圖層構圖」指令,才會在它的下方顯示新增的圖層構圖。而新加入的圖層構圖也可以自行設定名稱,只要按滑鼠兩下在該項目上,就能重新輸入。

按滑鼠兩下於名稱上　　　　　　　　　　　　輸入新的名稱

11-2 圖層構圖的建立與切換

對於「圖層構圖」面板有所了解後，接著來瞧瞧如何建立已經構圖好的版面，以及如何做版面間的切換。

11-2-1 建立圖層構圖

要透過「圖層構圖」功能建立各種版面，首先利用「圖層」面板先建立各種的圖層物件。如圖示：

透過圖層物件的顯現與否，以便顯示不同的版面構圖

接下來要透過以下的方式來一步步完成圖層構圖的建立。

執行「視窗 / 圖層構圖」指令使開啟面板，由右上角下拉執行「新增圖層構圖」指令

1. 輸入圖層構圖的名稱

3. 按下「確定」鈕離開

2. 設定套用到圖層的選項

顯示建立的第一個圖層構圖

切換到「圖層」面板，關閉原先的圖層物件，並將另一個圖層構圖的影像顯示出來

1. 切換到「圖層構圖」面板

2. 按下「建立新增圖層構圖」鈕

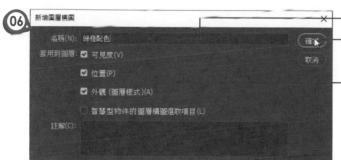

1. 輸入圖層構圖的名稱

3. 按下「確定」鈕

2. 設定套用到圖層的選項

完成第二個版面配置的建立

在建立圖層構圖後，如果使用者有刪除原先的圖層、合併圖層、轉換圖層色彩模式，或是要為圖層構圖加入「智慧型濾鏡」的設定，都會出現  的圖示，這是表示圖層構圖無法完全復原。如果不想理會警告圖示，想將它刪除，可按右鍵選擇清除。

圖層構圖無法完全復原圖示，按右鍵可以選擇清除

11-2-2 圖層構圖的切換

透過如上的方式，設計師就能依序將自己所設計的版面，保留在「圖層構圖」面板上，如果要做版面切換，只要按在 的位置上，或是透過下方的 或 鈕就可以做切換。

按此處

版面切換完成

11-3 圖層構圖轉存技巧

已經建立的好的版面，現在可以準備將它們轉存出去，以便分享或是提報給客戶選擇。

11-3-1 圖層構圖轉存成檔案

編排完成的圖層構圖，可以透過「檔案 / 轉存 / 將圖層構圖轉存成檔案」指令，轉存成 BMP、JPEG、PDF、PSD、Targa、TIFF、PNG-8、PNG-24 等八種格式。選定好儲存的位置，再設定檔案名稱的字首，就能輕鬆將構圖轉換成指定的格式。

執行「檔案 / 轉存 / 將圖層構圖轉存成檔案」指令

超實用圖層構圖實戰神器

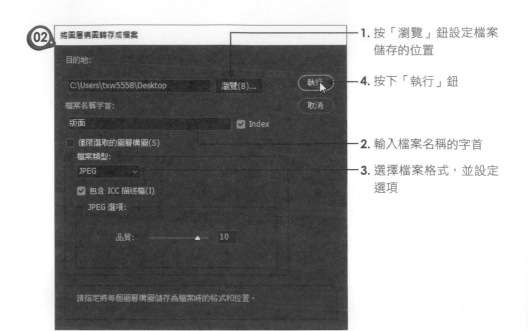

02 將圖層構圖轉存成檔案

目的地：

C:\Users\txw5558\Desktop　　　瀏覽(B)...　　執行

檔案名稱字首：

版面　　　　　　　　　　　　☑ Index

☐ 僅限選取的圖層構圖(S)

檔案類型：

JPEG

☑ 包含 ICC 描述檔(I)

JPEG 選項：

品質：　　　　　　　▲　　10

請指定將每個圖層構圖儲存為檔案時的格式和位置。

1. 按「瀏覽」鈕設定檔案儲存的位置

4. 按下「執行」鈕

2. 輸入檔案名稱的字首

3. 選擇檔案格式，並設定選項

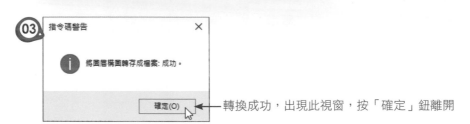

03 指令碼警告　　　　　　✕

ℹ 將圖層構圖轉存成檔案: 成功。

確定(O)

轉換成功，出現此視窗，按「確定」鈕離開

開啟目的地資料夾，就能看見所有的圖層構圖已轉成指定的格式。

11-3-2　圖層構圖轉存 PDF

　　利用「圖層構圖」所建立的版面，除了轉存為一張張的圖檔格式外，也可以轉存成 PDF 頁面。如此一來還能以幻燈片播放的方式來瀏覽版面喔！現在請依照下面的範例步驟進行設定。

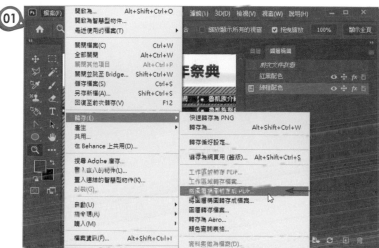

執行「檔案 /轉存 / 將圖層構圖轉存成PDF」指令

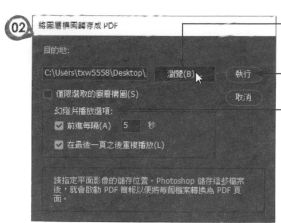

1. 按此鈕設定檔案存放的位置，並輸入檔案名稱

3. 按下「執行」鈕

2. 設定幻燈片播放的選項

PDF 轉存成功，按下「確定」鈕離開

設定完成後就會看到剛剛轉存的 PDF 檔案，按滑鼠兩下即可開啟它。

網頁影像與
列印專修技法

Photoshop

近年來全球吹起了網際網路的風潮，從電子商務網站到個人的個性化網頁，一瞬間幾乎所有的資訊都連上了網際網路，想要在網海中吸引瀏覽者的目光，就非得要比其他網站更精緻完美。由於這些資訊取得的介面大多靠的是五花八門的網頁介紹，因此網頁的設計已成為全民學習的浪潮。

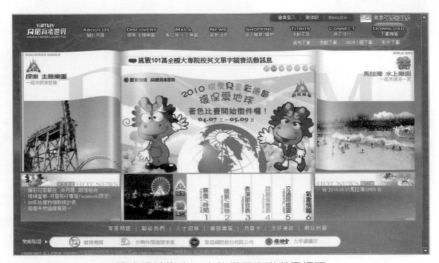

讓人眼睛為之一亮的月眉育樂世界網頁
http://www.yamay.com.tw/index.asp

利用 Photoshop 來從事網頁設計時，除了可以利用「圖層構圖」來嘗試不同的網頁編排，或是轉存各個版面配置外，Photoshop 的「切片工具」 也不可不知，因為製作網頁元件時，都必須使用「切片工具」 來切割區塊，而切片工具能為網頁設計做哪些處理，便是這一章節要為各位介紹的重點。另外，辛苦完成的作品，最大的喜悅莫過於將它列出來，為了讓列印更順利，一些私房技巧不可不知。

12-1 善用切片工具

切片工具可以將網頁的版面分割成幾個較小的影像區塊，並將切割區塊連結到特定的 URL 位址，以建立網頁導覽。完成所有的切片處理後，再使用「檔案 / 儲存為網頁用」指令，便可以轉存成 HTML 網頁。

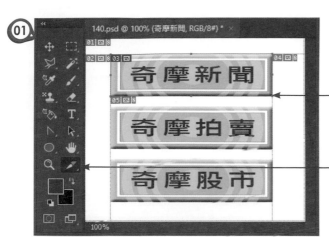

01

2. 從「奇摩新聞」按鈕的左上角拖曳到右下角位置,使形成矩形區

1. 開啟檔案後,點選「切片工具」

02 切片選項

切片類型: 影像
名稱(N): 140_03
URL(U): https://tw.news.yahoo.com/
目標(R):
訊息文字(M): 歡迎來到奇摩新聞
Alt 標記(A): 奇摩新聞

尺寸

X(X): 39   W(W): 247
Y(Y): 25   H(H): 65

切片背景類型: 無   背景色:

1. 按滑鼠兩下於「奇摩新聞」的區塊上,使顯現切片選項視窗

3. 按「確定」鈕離開

2. 輸入 URL 位址、訊息文字及替代文字等資訊

「目標」若不設定,它會以原視窗來開啟連結的網頁,若要以新視窗開啟連結的網頁,請將「目標」設為「_blank」

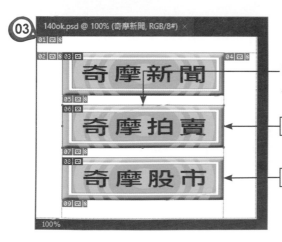

03

同 1、2 步驟,依序完成「奇摩拍賣」及「奇摩股市」的切片選項設定

奇摩拍賣 http://tw.bid.yahoo.com/

奇摩股市 http://tw.stock.yahoo.com/

網頁影像與列印專修技法

1. 執行「檔案 / 轉存 / 儲存為網頁用」指令，使顯示如圖視窗

2. 由「預設集」中選擇儲存的格式與類型

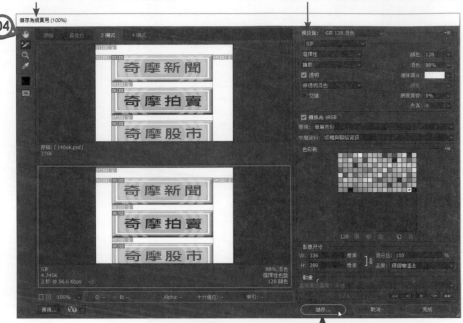

3. 按下「儲存」鈕

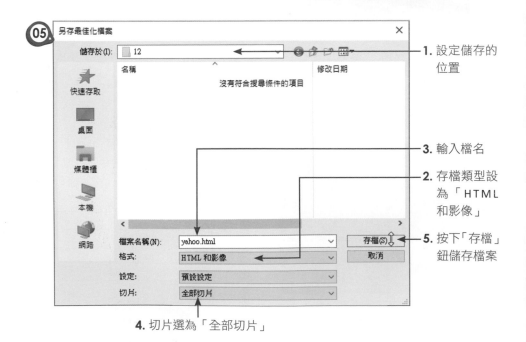

1. 設定儲存的位置

3. 輸入檔名

2. 存檔類型設為「HTML 和影像」

5. 按下「存檔」鈕儲存檔案

4. 切片選為「全部切片」

06

要儲存的某些檔案名稱包含非拉丁文字元，這些檔案名稱
與某些網頁瀏覽器及伺服器不相容。

按下「確定」鈕離開

設定完成後，開啟該網頁檔，按下切片區塊時，就會在原視窗中顯示所指
定的網頁了。

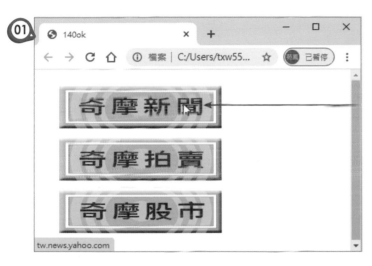

開啟「yahoo.html」
網頁檔，按下「奇
摩新聞」鈕

開啟奇摩新聞
網頁

網頁影像與列印專修技法

12-1-1 自動分割切片

使用切片工具切割區塊時，如果要切割成特定的欄列數或特定尺寸，可透過「分割」功能快速辦到；切割後想要選取某一切割區塊，則可以使用「切片選取工具」 ■ 來指定。

1. 點選「切片工具」

2. 先將導覽列的區塊切割出來

2. 按下「選項」列上的「分割」鈕

1. 改選「切片選取工具」

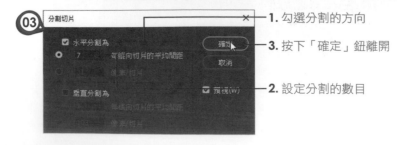

1. 勾選分割的方向

3. 按下「確定」鈕離開

2. 設定分割的數目

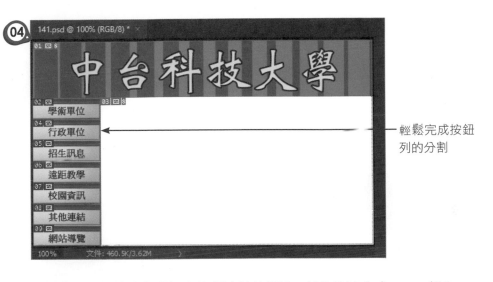

輕鬆完成按鈕
列的分割

切割後，再依前述方式設定按鈕連結的網址，就能快速完成 HTML 網頁。

12-1-2 切片影像

切割後的影像按鈕，若是要與網頁編輯器 Dreamweaver 做整合，可以直接
將切片儲存為網頁用，我們延續上面的步驟，讓各位快速完成影像的轉存。

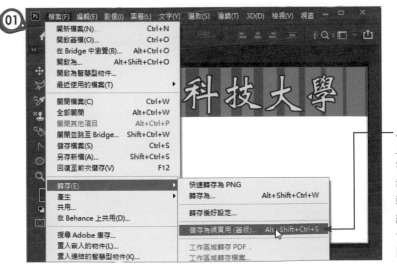

以「切片選取
工具」自動切
割區塊後，再
執行「檔案 /
轉存 / 儲存為
網頁用」指
令，使進入下
圖視窗

1. 選擇要使用的檔案格式與選項

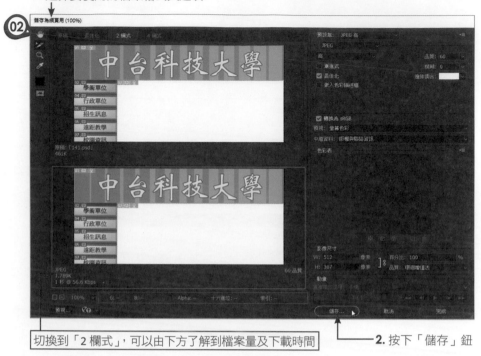

切換到「2 欄式」，可以由下方了解到檔案量及下載時間

2. 按下「儲存」鈕

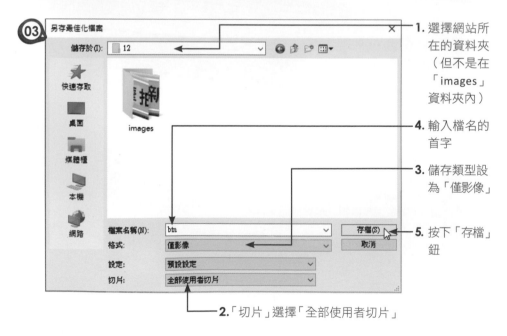

1. 選擇網站所在的資料夾（但不是在「images」資料夾內）

4. 輸入檔名的首字

3. 儲存類型設為「僅影像」

5. 按下「存檔」鈕

2.「切片」選擇「全部使用者切片」

按下「確定」鈕

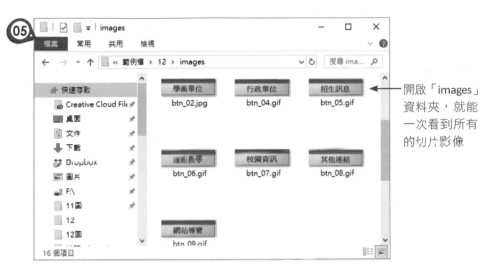

開啟「images」
資料夾，就能
一次看到所有
的切片影像

12-1-3 建立滑鼠指向效果按鈕

「滑鼠指向效果」是網頁上的按鈕或影像，當滑鼠指向它時它會做變更。要建立滑鼠指向效果，通常需要兩個影像，也就是一個正常狀態所看到的主要影像，另一個為滑鼠指向它時，所呈現出來的影像。

Photoshop 也可以利用「圖層樣式」來做出兩個不同效果的影像，或是透過「樣式」面板來直接套用樣式，然後將它們排列於「圖層」面板之中，如圖示：

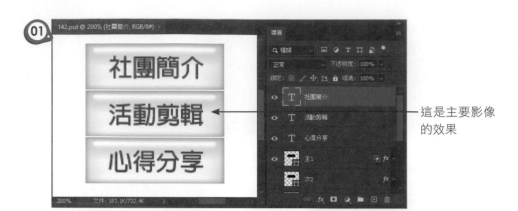

這是主要影像的效果

這是次要影像的效果

建立之後,接著同 12-1-3 的方式,將切片儲存為網頁用就行了。

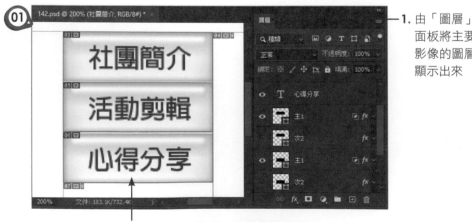

1. 由「圖層」面板將主要影像的圖層顯示出來

2. 先以「切片工具」切割按鈕區域,利用「切片選取工具」自動切割為 3 列,再執行「檔案 / 轉存 / 儲存為網頁用」指令進入下圖示視窗

1. 設定適當的儲存格式

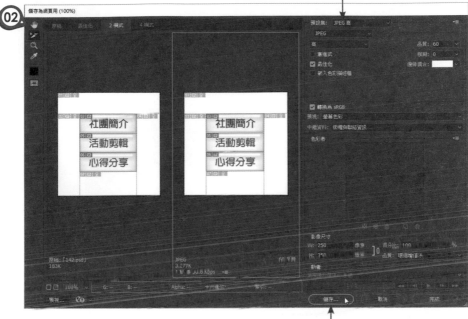

2. 按「儲存」鈕

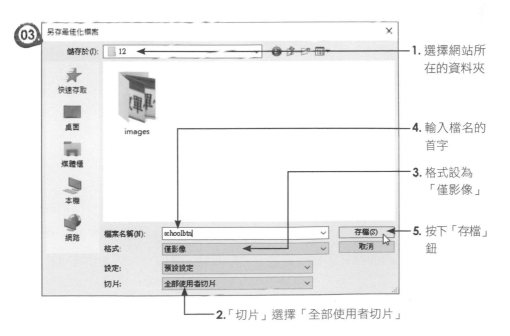

1. 選擇網站所
在的資料夾

4. 輸入檔名的
首字

3. 格式設為
「僅影像」

5. 按下「存檔」
鈕

2.「切片」選擇「全部使用者切片」

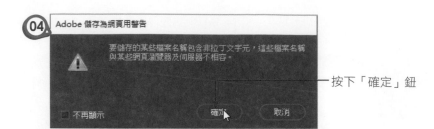

按下「確定」鈕

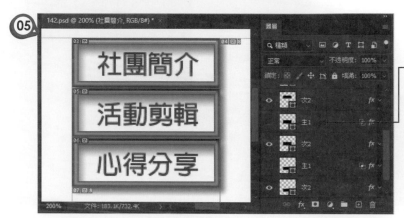

關閉主要影像
圖層,開啟次
要影像圖層,
然後執行「檔
案 / 儲存為網
頁用」指令,
並同 2、3 步
驟,完成切片
影像的輸出

開啟該網站的
「images」資
料夾,就能一
次看到所有切
片的影像轉存

12-2 列印私房技巧

　　假如完成的作品打算列印成 CMYK 四色印刷,最好能先將檔案轉換成
CMYK 的模式,由於四色印刷是將青、洋紅、黃、黑四個色版套印在一起,若
套得不準時,就會形成空隙而影響品質,因此可以先使用「影像 / 補漏白」的
功能來補足套色之間的誤差值。

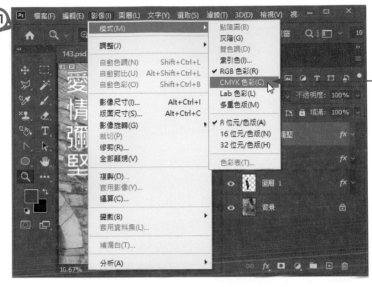

01

完成影像編
輯後，執行
「影像 / 模式
/CMYK 色彩」
指令

02

Adobe Photoshop

更改模式可能會影響圖層的外觀。在更改模式之前是否要將影像平面化？

平面化　　取消　　不要平面化　————　按「平面化」鈕

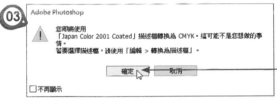

03

Adobe Photoshop

您即將使用
「Japan Color 2001 Coated」描述檔轉換為 CMYK。這可能不是您想做的事
情。
若要選擇描述檔，請使用「編輯 > 轉換為描述檔」。

確定　　取消　————　按下「確定」鈕

□不再顯示

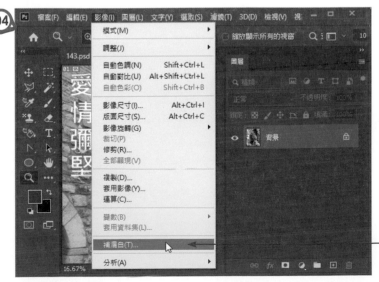

04

執行「影像 /
補漏白」指令

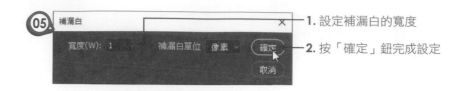

05 補漏白 ✕
寬度(W): 1　　補漏白單位　像素 ⌄　　確定 　　1. 設定補漏白的寬度
　　　　　　　　　　　　　　　　　　　取消 　　　2. 按「確定」鈕完成設定

12-2-1　影像列印

決定列印影像時，可以執行「檔案 / 列印」指令，進入下圖設定列印的方式。

由此可設定縮放比例　　　　設定列印份數　　設定列印方向

勾選此項，影像大小會符合紙張的大小　　　　按此鈕列印

當影像畫面大於紙張大小時，為了要能完整呈現影像，可以勾選「縮放以符合媒體大小」的選項，就能在左側的預視窗中看到紙張與影像的比例。若需要加入中央裁切標記或角落裁切標記，可在「列印標記」的欄位中做勾選。

13

翻轉自動處理的
高手之路

使用繪圖軟體從事設計時，有時候因為工作的需要，必須重複做相同的步驟；譬如要將影像縮小到特定的尺寸，以利版面的編排，或是排版人員要重複將影像由 RGB 模式轉換成 CMYK 的 TIFF 檔⋯等，如果圖量不多時還不會覺得疲累，如果是上千個圖檔，那可得花上一兩天的時間做同樣無聊的動作，甚至操作到手都酸痛了還做不完。

如果各位常有這樣的困擾，可得仔細瞧瞧本章介紹的內容，因為學會讓影像過程自動化，就可以將這些重複性的工作交由電腦來執行，只要設定好整個執行的過程，其餘的時間就可以喝茶納涼，等著收成結果。另外，Photoshop 還提供各種的自動處理功能，在這個章節中一併為各位解說。

13-1 以動作面板自訂動作

要做自動化處理，首先必須先認識動作面板，執行「視窗 / 動作」指令，即可看到如下的畫面。

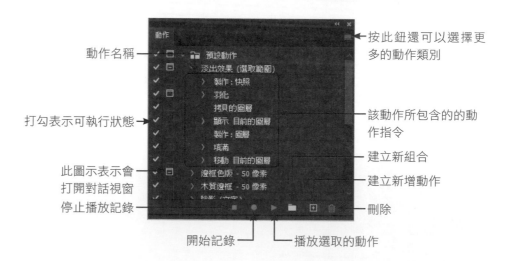

- 動作名稱
- 打勾表示可執行狀態
- 此圖示表示會打開對話視窗
- 停止播放記錄
- 開始記錄
- 按此鈕還可以選擇更多的動作類別
- 該動作所包含的的動作指令
- 建立新組合
- 建立新增動作
- 刪除
- 播放選取的動作

視窗中所看到的是「預設動作」中所包含的各項動作，通常當使用者點選動作名稱後，按下「播放選取的動作」▶ 鈕，就會執行該動作中的一連串指令，並快速完成所選取效果。

13-1-1 動作的執行

首先來體驗一下自動執行的快速感,筆者以下面的影像做說明,利用選取範圍來快速完成影像的淡化處理。

1. 以「橢圓選取畫面工具」在畫面上選取範圍

3. 按下「播放選取的動作」鈕

2. 由「預設動作」的類別中,點選「淡出效果(選取範圍)」的動作

1. 開啟此對話框,輸入羽化強度

2. 按下「確定」鈕離開

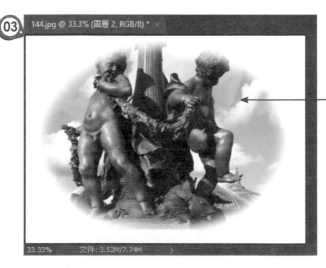

影像邊緣馬上顯示淡出的效果

13-1-2 錄製動作

對於動作的使用有所了解之後，接下來實際運用 Photoshop 的濾鏡功能來錄製一段動作。

1. 開啟影像檔

2. 按此鈕新增動作

1. 輸入適切的動作名稱

2. 按下「記錄」鈕

1. 執行「濾鏡 / 濾鏡收藏館」指令，進入如圖視窗

2. 點選「藝術風」之下的「乾性筆觸」，並設定筆刷及紋理的相關屬性

3. 按「新增效果圖層」鈕，使新增效果

1. 加入「筆觸」中的「角度筆觸」，並調整其屬性

2. 按「確定」鈕離開

按下「停止
播放 / 記錄」
鈕，完成動作
的錄製

現在動作已錄製完成，各位可以開啟其他的檔案，只要像先前一樣按下
「播放選取的動作」 鈕，該影像就會馬上套用所指定的動作了。

1. 開啟影像檔

2. 選此動作

3. 按下此鈕

——顯示套用結果

13-1-3 自動批次處理圖檔

剛剛所介紹的是開啟單張影像來做自動化處理，如果各位有千百個圖檔要處理，那麼可以透過「自動批次處理」的功能來處理圖檔。這兒就以排版人員的工作為例，排版人員在作彩色書籍的排版時，通常都先要將影像檔轉換成 CMYK 模式的圖檔，因此可以先將作者所給的圖檔都放在同一個資料夾中，另外開啟一個空白資料夾，以便存放轉好的檔案。如圖示：

放置原圖檔的資料夾 →  ← 完成 CMYK 模式轉換所要放置的資料夾

接下來請從原圖檔資料夾中叫出第一張圖檔，然後跟著筆者的步驟做轉檔的設定。

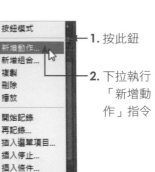

01

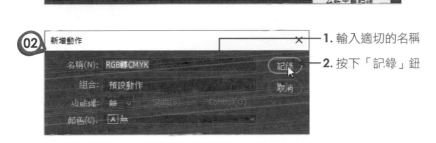

1. 按此鈕

2. 下拉執行
　「新增動
　作」指令

02

1. 輸入適切的名稱

2. 按下「記錄」鈕

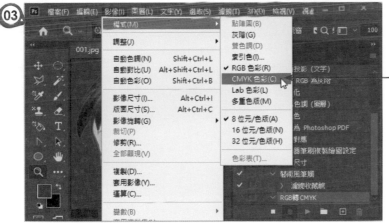

03

執行「影像 /
模式 /CMYK 色
彩」指令，使
轉換色彩模式

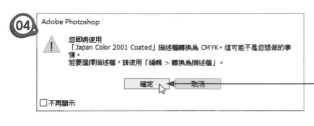

04

按下「確定」鈕

翻轉自動處理的高手之路

05

1. 執行「檔案 / 另存新檔」指令使進入如圖視窗

2. 按下「儲存在您的電腦」鈕

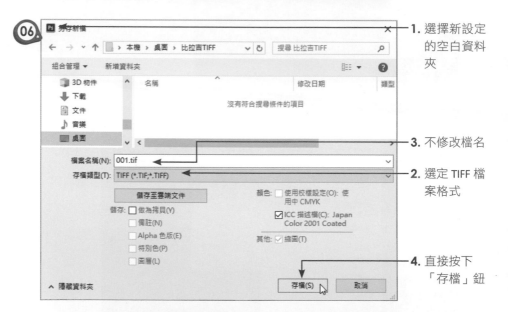

06

1. 選擇新設定的空白資料夾

3. 不修改檔名

2. 選定 TIFF 檔案格式

4. 直接按下「存檔」鈕

07

2. 按下「確定」鈕離開

1. 設定選項內容如圖

1. 按下「關閉」鈕關閉影像視窗

2. 按下「停止播放 / 記錄」鈕，使停止錄製的動作

完成動作的錄製

完成如上動作後，接下來請各位先將剛剛儲存在「比拉吉 TIFF」資料夾中的圖檔刪除，使呈現空白狀態，然後再跟著筆者的腳步設定自動批次處理功能。

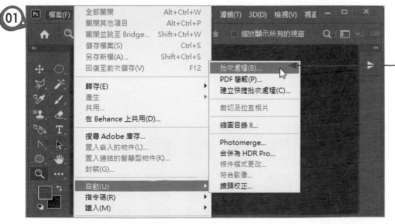

執行「檔案 / 自動 / 批次處理」指令，使進入下圖視窗

翻轉自動處理的高手之路

1. 由「動作」處下拉選定剛剛所設定的動作　　**2.** 來源設為「檔案夾」

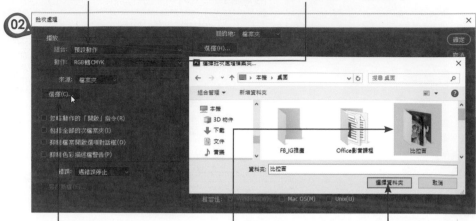

3. 按下「選擇」鈕　　**4.** 點選原先檔案放置的資料夾　　**5.** 按「選擇資料夾」鈕選取

1. 按「選擇」鈕，並選取所設定的空白資料夾　　**3.** 按下「確定」鈕開始處理檔案

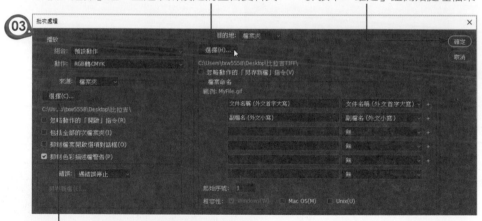

2. 確定勾選「抑制色彩描述檔警告」的選項，使開啟檔案時不會每次都出現警告視窗

休息片刻回來，資料夾就已完成檔案轉換的動作了

13-1-4 將動作建立成快捷批次處理

對於經常使用的動作，可以考慮將它建立成快捷批次處理，如此一來，只要將檔案或資料夾拖曳到該執行檔的圖示上，它就會自動執行批次處理的動作。以剛剛完成的「RGB 轉 CMYK」的動作為例，請執行「檔案 / 自動 / 建立快捷批次處理」指令，使顯現下圖視窗，然後跟著筆者腳步執行。

2. 按下「選擇」鈕，設定執行檔放置的位置

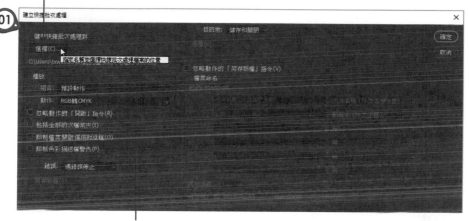

1. 由此確定動作名稱為所要建立的快捷批次處理

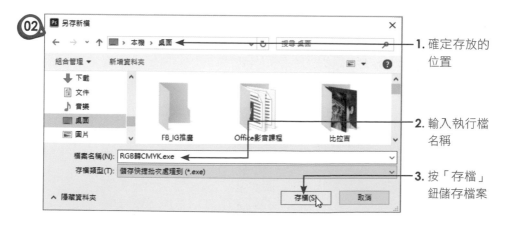

1. 確定存放的位置

2. 輸入執行檔名稱

3. 按「存檔」鈕儲存檔案

1. 目的地設為「儲存和關閉」　　　　　　　　　　　　**2.** 按下「確定」鈕離開

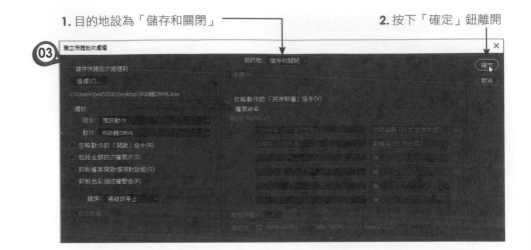

完成如上動作後會看到像箭頭符號的執行檔圖示 ⬇RGB轉CMYK，以後只要將圖檔或整個資料夾拖曳到該執行檔圖示上，它就會自動執行轉檔的動作，並將完成的檔案放置在原先所指定的資料夾（吉拉比TIFF）中。

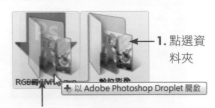

1. 點選資料夾

2. 將資料夾拖曳到執行檔的圖示上，就可以執行批次處理

13-2 自動裁切及拉直相片

「檔案 / 自動 / 裁切及拉直相片」主要是將所開啟的影像檔，依據畫面上的水平或垂直線條做裁切的動作，並將有傾斜的部份做拉直的動作。因此當各位使用此指令，可能會分離出一張或多張的影像。

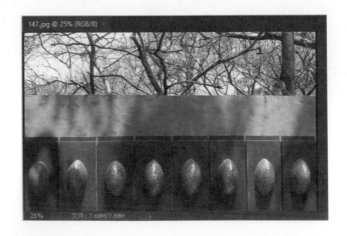

如上所示的影像，在經過自動裁切及拉直相片後，會裁切成如下的兩張影像。

　　執行「檔案 / 自動 / 裁切及拉直相片」
　　指令後，將裁切成如圖的兩張畫面

13-2-1　自動 Photomerge

　　「檔案 / 自動 /Photomerge」指令提供各位將數張影像結合成一張全景相片。

翻轉自動處理的高手之路

　　如上圖所示的四張影像是利用腳架所拍攝的四幅連續景緻，只要利用「Photomerge」功能，就可以快速將它們接合在一起。

1. 執行「檔案 / 自動 /Photomerge」指令，使顯現如圖視窗

01

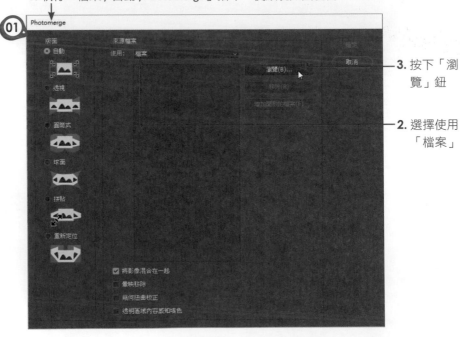

3. 按下「瀏覽」鈕

2. 選擇使用「檔案」

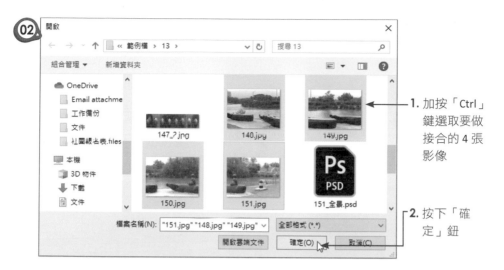

1. 加按「Ctrl」鍵選取要做接合的 4 張影像

2. 按下「確定」鈕

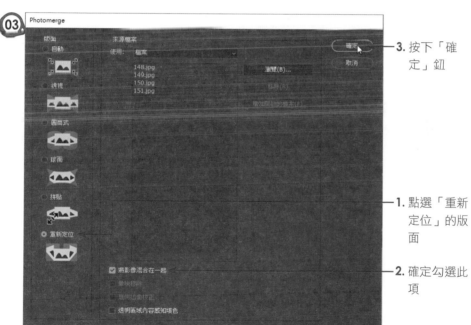

3. 按下「確定」鈕

1. 點選「重新定位」的版面

2. 確定勾選此項

顯示接合的結果

13-2-2 自動合併為 HDR

「檔案 / 自動 / 合併為 HDR Pro」主要在合成不同曝光值的影像，讓畫面中的明暗變化更趨近於人類的眼睛的視覺，以達到最佳的明暗效果。

如上的兩張影像，一張曝光過度，一張暗部區域則曝光不足，此時就可以使用「合併為 HDR Pro」功能來加以調整。

1. 執行「檔案 / 自動 / 合併為 HDR Pro 指令，使顯現如圖視窗

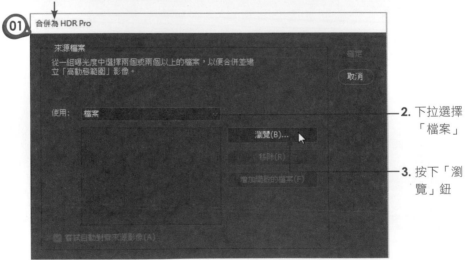

2. 下拉選擇「檔案」

3. 按下「瀏覽」鈕

1. 選取檔案

2. 按下「確定」鈕開啟檔案

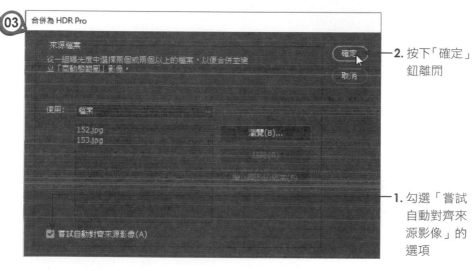

2. 按下「確定」鈕離開

1. 勾選「嘗試自動對齊來源影像」的選項

可再自行調整相關細部設定，設定完成按下「確定」鈕或「Enter」鍵離開

翻轉自動處理的高手之路

顯示合併的結果

13-2-3 自動條件模式更改

對於目前所開啟的影像檔案，如果想要將它轉換成點陣圖、灰階、雙色調、索引色…等各種色彩模式，除了利用「影像 / 模式」指令做轉換外，也可以執行「檔案 / 自動 / 條件模式更改」指令來由電腦快速執行。

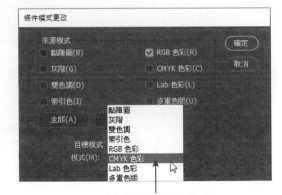

這裡設定轉換的模式

13-2-4 自動符合影像

所開啟的影像檔，如果需要將它縮放成特定的尺寸，可以執行「檔案 / 自動 / 符合影像」指令，在如下的視窗中輸入寬度或高度值就行了，其功能和各位執行「影像 / 影像尺寸」指令完全相同。

13-3 範例實作 – 影像自動處理實務

在此範例主要練習動作指令的錄製以及批次檔案的處理，因此我們會透過「動作」面板來錄製以下的動作指令，使完成資料夾中所有影像的色調分離及紋理化的效果。

動作設定內容包含如下：

- 「影像 / 調整 / 色調分離」- 色階設為 2
- 「濾鏡 / 濾鏡收藏館 / 紋理 / 紋理化」- 加入砂岩紋理
- 「檔案 / 另存新檔」- 設定資料夾位置，以 jpg 格式儲存
- 關閉檔案

完成畫面

步驟說明

在「範例實作 / 範例」的資料夾中，各位可以看到如圖的所有影像縮圖。

請各位先將「範例」資料夾複製到桌面上，同時在桌面上新增「範例 ok」的資料夾，完成之後將第一張影像「001.jpg」開啟，緊接著開啟動作面板，然後開始動作指令的新增與設定。

翻轉自動處理的高手之路

01

1. 開啟第一張影像「001.jpg」

2. 由「動作」面板中按下「建立新增動作」鈕

02

1. 輸入動作名稱

2. 按下「記錄」鈕

03

1. 執行「影像 / 調整 / 色調分離」指令,使進入此視窗

3. 按下「確定」鈕

2. 色階設為 2

1. 執行「濾鏡 / 濾鏡收藏館」指令,使進入此視窗

4. 按下「確定」鈕

04

2. 選擇「紋理 / 紋理化」

3. 下拉選擇「砂岩」紋理

05

執行「檔案 /
另存新檔」指
令

06

點選此項

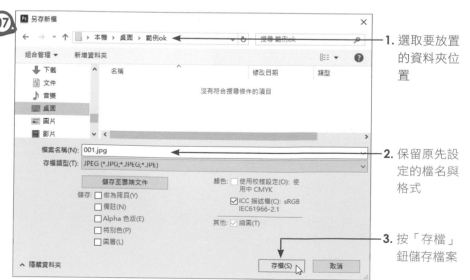

07

1. 選取要放置
   的資料夾位
   置

2. 保留原先設
   定的檔名與
   格式

3. 按「存檔」
   鈕儲存檔案

翻轉自動處理的高手之路

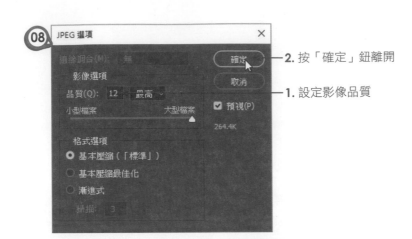

08 JPEG 選項 ✕

2. 按「確定」鈕離開

1. 設定影像品質

09 001.jpg @ 100% (RGB/8)

1. 按「✕」鈕關閉檔案

2. 按下「停止播放 / 記錄」鈕完成動作錄製

10

設定完成後，所顯示的動作指令如圖

完成動作的設定之後，接下來將「範例 ok」資料夾中的圖檔刪除，然後在依照下面的步驟執行。

1. 執行執行「檔案／自動／批次處理」指令，使進入此視窗　　**6.** 按「確定」鈕離開

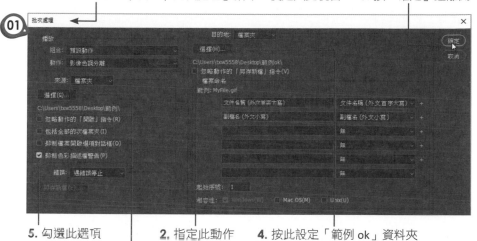

5. 勾選此選項　　　　　　**2.** 指定此動作　　**4.** 按此設定「範例 ok」資料夾

3. 按此鈕設定「範例」資料夾

瞧！檔案轉換
完成了

翻轉自動處理的高手之路

CHAPTER

14

影像資產的
老管家攻略

Photoshop

利用 Photoshop 來設計網頁、印刷刊物，或多媒體介面，免不了需要各種的影像資源，然而要讓設計的過程更加順利，影像資源就得妥善管理，這樣在找尋時才能夠順利找到所需的資料。而 Adobe Bridge 正是為了方便使用者管理影像資產所設計出來的功能，此處將針對這些好用的功能加以介紹，讓它成為各位管理影像資產的好幫手。

14-1 以 Adobe Bridge 瀏覽影像

在 Photoshop 軟體中執行「檔案 / 在 Bridge 中瀏覽」指令會先開啟 Creative Cloud Desktop 視窗，由已安裝的「Bridge」下方點選「開啟」鈕可啟動 Bridge 程式。

按此鈕開啟 Bridge

啟動程式後所看到的視窗畫面如下：

資料夾切換　　　　　　　　　　　　　　　　　預覽選取的影像

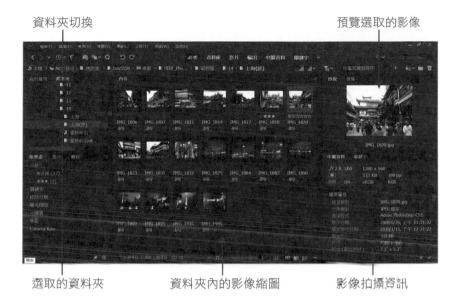

選取的資料夾　　　　　資料夾內的影像縮圖　　　　影像拍攝資訊

14-1-1　開啟影像檔案

　　想要將影像開啟到 Photoshop 中，可直接點選影像縮圖兩下，或是在影像上按右鍵，再執行「開啟方式 /Adobe Photoshop 2020（預設瀏覽器）」指令，即可開啟於 Photoshop 程式中。

1. 按右鍵於影像縮圖　　　　　　　　　　**2.** 執行此指令

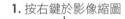

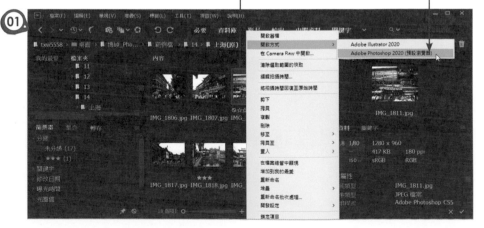

——檔案顯示於 Photoshop 中

14-1-2 輕鬆往返 Photoshop

如果想要從 Bridge 返回 Photoshop，除了由桌面下方的工作列鈕切換外，由 Bridge 程式中執行「檔案 / 返回 Adobe Photoshop」指令就可以了。

14-2 組織與管理影像

透過 Adobe Bridge 來管理或組織影像，到底有什麼特點，便是這一小節要和各位做說明的地方。

14-2-1 工作區版面切換

Adobe Bridge 的工作區版面共有四種，各位可以在視窗下方進行切換，或是透過滑鈕改變縮圖大小。

拖曳此處的滑鈕，可以改變縮圖大小　　　　　　　　由此切換工作區版面

14-2-2 從相機或智慧型手機取得相片

開啟 Adobe Bridge 程式後，想要將數位相機或智慧型手機中的數位影像加入，只要裝置與電腦連接的狀態下，透過以下方式就可以進行取得。

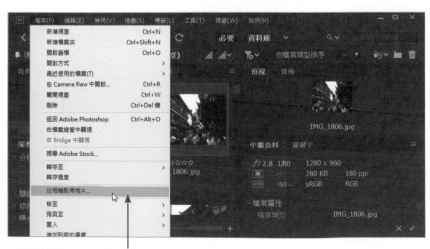

執行「檔案 / 從相機取得相片」指令可取得相片

14-2-3 新增檔案夾

取得影像後要將影像分門別類管理,首先就是新增檔案夾。按右鍵在欲新增資料夾的位置上,執行「新增檔案夾」指令,即可為新資料夾命名。

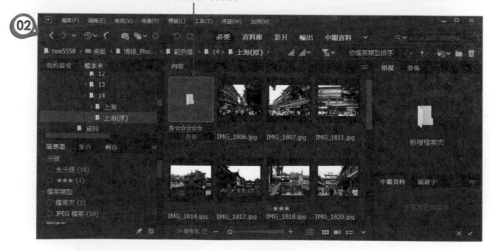

14-2-4 搬移影像位置

想要將影像檔搬移到所屬的類別中,只要選取影像縮圖,直接拖曳到檔案夾後放開,即可完成搬移的動作。

2. 直接拖曳到所屬資料夾中

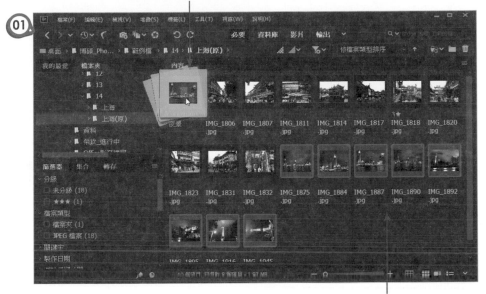

1. 加按「Shift」鍵,選取要搬移的影像縮圖

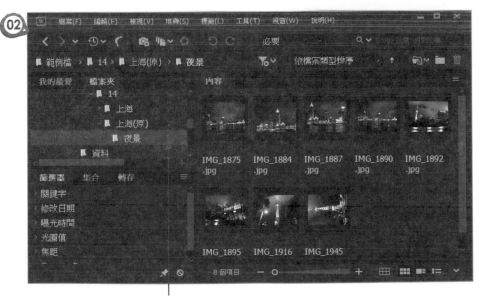

瞧!選取的圖檔已顯示在該類別的資料夾中

14-2-5 刪除不良影像

檢視的過程中,如果發現影像拍攝不清楚,想要將它刪除,可直接按右鍵執行「刪除」指令。

1. 按滑鼠右鍵於圖片縮圖

2. 執行「刪除」指令

14-2-6 旋轉影像方向

拍攝的照片如果採直式的拍攝方式,影像縮圖會以橫向顯示,如果要旋轉影像的方向,可以由「編輯」功能表下拉作選擇。

2. 由「編輯」功能表下拉選擇旋轉的指令

1. 點選要做旋轉的圖片

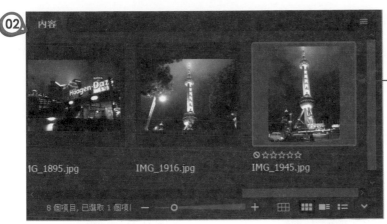

縮圖方向變直
式了

14-2-7 為影像加標籤

檢視影像時，各位可以為影像設定不同的等級或標示，以方便將來影像的
選用。在 Adobe Bridge 中，除了可設定五種不同等級外，也可以為影像加入不
同的標籤標示，諸如：已審批、檢視、待處理…等，這些都可以透過「標籤」
功能表做選擇。

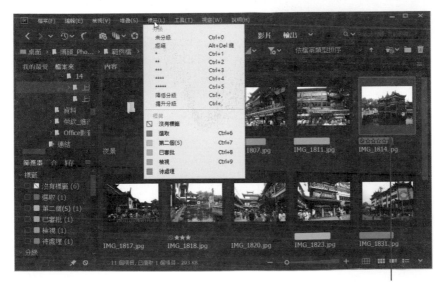

以色彩顯示的相關標籤

影像資產的老管家攻略

14-2-8 重新命名批次處理

Bridge 程式除了上面介紹的常用功能外，它還可以幫忙各位做檔案的重新命名，只要資料夾中的檔案需要重新命名，透過「工具 / 重新命名批次處理」指令即可快速完成。

3. 執行「工具 / 重新命名批次處理」指令

1. 選定資料夾

2. 按「Ctrl」+「A」鍵全選所有檔案

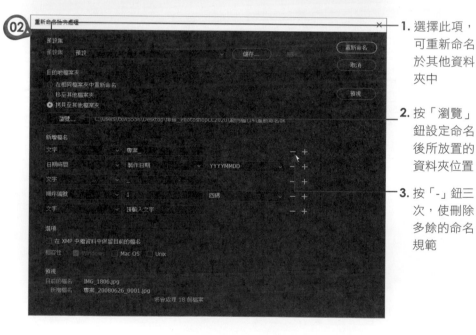

1. 選擇此項，可重新命名於其他資料夾中

2. 按「瀏覽」鈕設定命名後所放置的資料夾位置

3. 按「-」鈕三次，使刪除多餘的命名規範

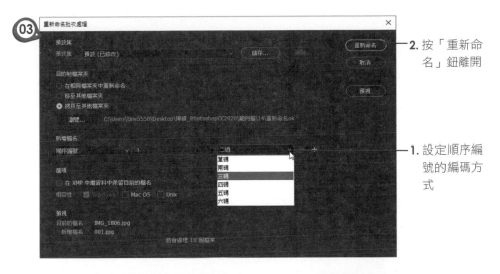

2. 按「重新命名」鈕離開

1. 設定順序編號的編碼方式

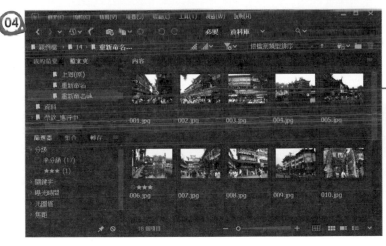

瞧！新資料夾中已經以新的命名方式顯示影像

限於篇幅的關係，Adobe Bride 的功能僅介紹到此，其他未介紹的功能就留待各位自行去體驗和嘗試，屆時就會發現它的方便性。

影像資產的老管家攻略

MEMO

MEMO

讀者回函

讀 者 回 函

GIVE US A PIECE OF YOUR MIND

感謝您購買本公司出版的書，您的意見對我們非常重要！由於您寶貴的建議，我們才得以不斷地推陳出新，繼續出版更實用、精緻的圖書。因此，請填妥下列資料(也可直接貼上名片)，寄回本公司(免貼郵票)，您將不定期收到最新的圖書資料！

購買書號： 書名：

姓　　名：＿＿＿＿＿＿＿＿＿＿＿＿＿＿＿＿＿＿＿＿

職　　業：□上班族　　□教師　　　□學生　　　□工程師　　□其它

學　　歷：□研究所　　□大學　　　□專科　　　□高中職　　□其它

年　　齡：□10~20　　□20~30　　□30~40　　□40~50　　□50~

單　　位：＿＿＿＿＿＿＿＿＿＿　部門科系：＿＿＿＿＿＿＿＿

職　　稱：＿＿＿＿＿＿＿＿＿＿　聯絡電話：＿＿＿＿＿＿＿＿

電子郵件：＿＿＿＿＿＿＿＿＿＿＿＿＿＿＿＿＿＿＿＿＿＿

通訊住址：□□□＿＿＿＿＿＿＿＿＿＿＿＿＿＿＿＿＿＿

＿＿＿＿＿＿＿＿＿＿＿＿＿＿＿＿＿＿＿＿＿＿＿＿＿＿

您從何處購買此書：

□書局 ＿＿＿＿＿　□電腦店 ＿＿＿＿＿　□展覽 ＿＿＿＿＿　□其他 ＿＿＿＿＿

您覺得本書的品質：

內容方面：　□很好　　　　□好　　　　　□尚可　　　　□差

排版方面：　□很好　　　　□好　　　　　□尚可　　　　□差

印刷方面：　□很好　　　　□好　　　　　□尚可　　　　□差

紙張方面：　□很好　　　　□好　　　　　□尚可　　　　□差

您最喜歡本書的地方：＿＿＿＿＿＿＿＿＿＿＿＿＿＿＿＿＿＿

您最不喜歡本書的地方：＿＿＿＿＿＿＿＿＿＿＿＿＿＿＿＿

假如請您對本書評分，您會給(0~100分)：＿＿＿＿＿＿ 分

您最希望我們出版那些電腦書籍：

請將您對本書的意見告訴我們：

您有寫作的點子嗎？□無　　□有　　專長領域：＿＿＿＿＿＿＿＿＿

✂ 請沿虛線剪下寄回本公司

歡迎您加入博碩文化的行列哦！

Give Us a Piece of Your Mind

221

博碩文化股份有限公司　產品部

新北市汐止區新台五路一段 112 號 10 樓 A 棟

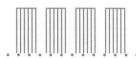

如何購買博碩書籍

全 省書局

請至全省各大書局、連鎖書店、電腦書專賣店直接選購。

（書店地圖可至博碩文化網站查詢，若遇書店架上缺書，可向書店申請代訂）

信 用卡及劃撥訂單（優惠折扣 85 折，未滿 1,000 元請加運費 80 元）

請於劃撥單備註欄註明欲購之書名、數量、金額、運費，劃撥至

帳號：17484299　戶名：博碩文化股份有限公司，並將收據及

訂購人連絡方式傳真至 (02)26962867。

線 上訂購

請連線至「博碩文化網站 http://www.drmaster.com.tw」，於網站上查詢

優惠折扣訊息並訂購即可。